La increíble aventura de la Tierra

Alain Riazuelo

La increíble aventura
de la Tierra

Traducción de Miguel Paredes Larrucea

Alianza editorial
El libro de bolsillo

Título original: *L'incroyable aventure de la Terre*

Primera edición: enero de 2026

Diseño de colección: Estrada Design
Diseño de cubierta: Manuel Estrada
Fotografía de Lucía Moreno y Miguel S. Moñita

PAPEL DE FIBRA
CERTIFICADA

© Éditions humenSciences / Humensis, 2023
© de la traducción: Miguel Paredes Larrucea, 2026
© Alianza Editorial, S. A., Madrid, 2026
   Calle Valentín Beato, 21
   28037 Madrid
   www.alianzaeditorial.es

ISBN: 979-13-7009-122-4
Depósito legal: M-19856-2025
Printed in Spain

Índice

Introducción

La astronomía, por la dignidad de su objeto y por la perfección de sus teorías, es el más bello monumento de la mente humana, el título más noble de su inteligencia. Seducido por las ilusiones de los sentidos y del amor propio, el hombre se consideró durante mucho tiempo como el centro del movimiento de los astros, y su vano orgullo fue castigado por los temores que le inspiraron. Varios siglos de trabajos hicieron caer finalmente el velo que ocultaba a sus ojos el sistema del mundo. Se vio entonces en un planeta casi imperceptible en el sistema solar, cuya vasta extensión no es a su vez más que un punto insignificante en la inmensidad del espacio. Los sublimes resultados a que le condujo este descubrimiento bastan para consolarlo del rango que asigna a la Tierra, mostrándole su propia grandeza en la extrema pequeñez de la base que le sirvió para medir los cielos.

PIERRE-SIMON LAPLACE,
Exposition du système du monde,
6.ª edición, 1835

La historia de nuestro planeta es como una serie de Netflix, está compuesta de numerosos episodios. Aunque la única guionista es la madre naturaleza, los directores de los episodios —léase los científicos que aportaron la luz decisiva a las distintas partes de la historia del planeta— cambian casi cada vez. Un objeto tan complejo como la Tierra, formado en un entorno tan rico como el sistema solar, nunca podría haber sido comprendido por una sola persona. Todo lo contrario, el conocimiento de su historia es una aventura fundamentalmente colectiva, no la obra de un solo descubridor.

Una aventura que por otro lado está lejos de haber terminado. Porque si bien algunos episodios están perfectamente estudiados, otros lo están mucho menos. Peor aún, algunos parecen bien establecidos cuando en realidad no lo están. Los lectores me perdonarán, el terreno que voy a pisar es movedizo, incierto, y quizá dentro de diez o veinte años haya que reescribir por completo algunos pasajes del libro. Así es la ciencia: las certezas se van forjando progresivamente, y una mezcla muy humana de vanidad e ingenuidad nos lleva a veces a creer que el paradigma del momento es más sólido de lo que realmente es. Es uno de los azares de la marcha de la ciencia, que hace que a veces un resultado aparentemente sólido acabe siendo refutado por nuevas observaciones o nuevos argumentos. Ocurre rara vez, por supuesto, pero no cabe descartarlo. Así, pues, espero que al escribir este libro haya tenido la sabiduría y la lucidez suficientes para no ser más categórico de lo razonable.

1. Tan próximos y tan diferentes

El escenario

¿Dónde se encuentra la Tierra? ¿En el centro del mundo o en un rincón anónimo y cualquiera del universo? En Occidente, pensadores, religiosos y filósofos prefirieron durante mucho tiempo la primera respuesta, la de un universo restringido, cerrado, en el que la Tierra ocupaba el lugar central. Esta hipótesis de un capullo cósmico hecho solamente para nosotros los humanos, una perspectiva tan tranquilizadora, persistió durante mucho tiempo, tanto por razones narcisistas —¿qué podría ser más tranquilizador y gratificante que pensar que estamos en el centro del mundo?— como por razones de perspectiva: estemos donde estemos, estaremos siempre situados en el centro de algo, la región donde se posa nuestra mirada.

Desde nuestro punto de vista terrenal, la Luna, las estrellas y el Sol parecen girar a nuestro alrededor. Por la noche, la observación del cielo estrellado indica la existencia de un movimiento global de rotación de los astros alrededor de la Tierra... a menos que sea la propia Tierra la que gira sobre sí misma. La primera impresión es la más natural: nosotros no «sentimos» que la Tierra gira, tenemos *realmente* la impresión de que está inmóvil. Pero la ciencia es el arte de cuestionar las primeras impresiones. En realidad ¿qué es lo más natural? ¿Que sea solo nuestro planeta el que gira sobre sí mismo en veinticuatro horas, o que sea todo el universo, con todo lo inmenso que pueda ser, el que lo haga?

Contrastar la inmovilidad de la Tierra con métodos puramente experimentales no es cosa fácil. Pero recurrir al sentido común puede ser de mucha ayuda. La Tierra tiene una circunferencia de unos 40 000 kilómetros, cifra conocida desde la Antigüedad[1]. Esto significa que una persona situada en el ecuador recorrería cada día 40 000 kilómetros si la Tierra girara sobre sí misma en veinticuatro horas, lo que corresponde a una velocidad de casi 1700 kilómetros por hora.

¿Es posible que viajemos a tales velocidades sin darnos cuenta?, se preguntaron pensadores como Aristóteles en el siglo V antes de nuestra era. Imposible, dijeron, esgrimiendo argumentos inexactos, como el hecho de que si se lanza una flecha al aire, esta nunca volvería a caer en el lugar desde donde fue lanzada, ya que la Tierra, al haber girado mientras tanto, se habría deslizado por debajo de la flecha. El argumento era falso, como demostraron Galileo (1564-1642) y, poco antes que él, Giordano Bruno (1548-1600) a finales del siglo XVI. Pero otro razonamiento permite ver que la inmovilidad de

---

1. Véase Riazuelo, A., *Por qué la Tierra es redonda*, cap. 1, Madrid, Alianza Editorial, 2025.

la Tierra no hace más que desplazar y sobre todo agravar el problema de las velocidades que se hallan en juego. ¿La velocidad de la Tierra en el ecuador, de 1700 kilómetros por hora, os parece demasiado grande para ser verosímil? Pues la cosa sería mucho peor en el otro caso. La distancia entre la Tierra y la Luna es de 400 000 kilómetros. Ya en la antigua Grecia, Aristarco de Samos (c. 310-230 a. C.) demostró que el Sol estaba al menos veinte veces más lejos, a una distancia de ocho millones de kilómetros, una cifra muy inferior a la real, pero que mantendremos de momento. En cuanto a los demás planetas, algunos estaban mucho más lejos. En el siglo II de nuestra era, Claudio Ptolomeo (c. 100-168) calculó que Saturno, el planeta más lejano conocido, estaba al menos diez veces más lejos que el Sol. ¿Y más allá? Más allá estaban las estrellas, según Ptolomeo dos veces más lejos que Saturno. Decir que no es la Tierra y sus 6370 kilómetros de radio la que gira sobre sí misma en veinticuatro horas sino todo el universo, cuyo radio sería, con las cifras dadas anteriormente, tal vez de 150 millones de kilómetros, es afirmar implícitamente que este pequeño mundo recorrería una circunferencia de unos mil millones de kilómetros en veinticuatro horas, es decir, a una velocidad de más de 10 000 kilómetros por segundo. Ese cálculo fue realizado ya en la primera mitad del siglo XVI por el italiano Celio Calcagnini (1479-1541), quien haciendo números llegó a la conclusión de que la hipótesis vehementemente defendida por la Iglesia de una Tierra inmóvil implicaba para los cielos la existencia de una «velocidad inenarrable» y que seguramente se trataba de una de las ideas más absurdas jamás inventadas por los filósofos.

Queda eliminada por tanto la hipótesis de una Tierra estrictamente inmóvil: esta debe por fuerza girar sobre sí misma en veinticuatro horas, lo que nos da la impresión de que es la bóveda estrellada la que gira al mismo ritmo. Pero no son solo las estrellas las que se desplazan. Están también la Luna, el Sol y los cinco planetas conocidos desde la Antigüedad: Mercurio, Venus, Marte, Júpiter y Saturno. Los dos primeros tienen un movimiento bastante sencillo. En relación con la bóveda estrellada se desplazan hacia la izquierda cuando se observan desde el hemisferio norte, lentamente en el caso del Sol, más rápidamente en el de la Luna, y a un ritmo bastante regular. Si tomamos las estrellas como punto de referencia, la Luna completa una revolución alrededor de la Tierra en veintisiete días y ocho horas, y el Sol en un año. En una primera aproximación, ambos parecen estar animados de un movimiento circular alrededor de la Tierra, a una velocidad más o menos constante. En el caso de los planetas las cosas son más complicadas. Mercurio y Venus parecen acompañar al Sol, pero aceleran o ralentizan en relación con él, a veces adelantándose y a veces retrasándose. Marte, Júpiter y Saturno parecen menos ligados al Sol, pero también tienen un movimiento irregular, a veces acelerando, otras veces desacelerando, hasta el punto de moverse en ocasiones hacia la derecha en lugar de hacia la izquierda en relación con las estrellas. Los astrónomos griegos, amantes de la geometría y de la pureza de los círculos y esferas, pensaban que los movimientos eran una composición de varios movimientos circulares realizados a velocidades diferentes, algo así como un juego de mandalas.

En cuanto al principio no andaban equivocados, pero sí en su interpretación de la idea. De hecho es el Sol el que está en el centro y los planetas los que giran a su alrededor, cada uno en un movimiento aproximadamente circular.

Esta interpretación había sido propuesta en ocasiones en la antigua Grecia, pero había chocado con el prestigio y la influencia de Aristóteles, quien, pese a que sus argumentos eran erróneos, había convencido, a sus contemporáneos y a muchas de las generaciones siguientes, de que la Tierra estaba inmóvil en el centro del universo. No fue hasta dieciocho siglos después de Aristóteles cuando Nicolás Copérnico (1473-1543) propone la hipótesis de un mundo heliocéntrico, es decir, centrado en el Sol, pero semejante revolución tarda aún varios siglos más en ser aceptada debido a la doctrina de la Iglesia católica, que había hecho suya la visión aristotélica. Galileo fue condenado al silencio por la Iglesia por haber presentado argumentos muy convincentes —pero, por desgracia para él, no concluyentes— en favor de la hipótesis heliocéntrica, y a esa condena se unió el mundo protestante, que veía las opiniones del científico italiano con una hostilidad equiparable.

Además de sus argumentos, Galileo legó a sus contemporáneos un instrumento de observación, el telescopio refractor. Probablemente inventado por vidrieros holandeses uno o dos años antes, fue perfeccionado por el genial astrónomo, que fue el primero en utilizarlo para observar el cielo. Galileo comprendió así que el cielo es mucho más complejo de lo que se puede ver a simple vista. A partir de entonces se abre la posibilidad de un estudio profundo y racional del cielo. En pocas noches de observación Galileo descubre que no todo gira alrededor de la Tierra, ya que Júpiter tiene también (como mínimo) cuatro lunas: Ío, Europa, Ganímedes y Calisto. Apenas cincuenta años más tarde, Saturno se dota asimismo de un satélite, Titán, descubierto por Christiaan Huygens (1629-1695) en 1655. Por otro lado, la mejora de los medios de observación permite también responder al reto que se había propuesto Aristarco de Samos de medir la distancia de la Tierra al Sol. Basándose en los trabajos de Johannes Kepler (1571-1630), los astrónomos, poco preocupados por las opiniones de la Iglesia católica, encontraron un método para determinar las distancias relativas entre los astros. Calcularon que Mercurio está un 60 % más cerca del Sol que la Tierra, mientras que Saturno está diez veces más lejos que esta. En resumen, disponen de una maqueta del sistema solar, pero desconocen la escala. Para hallarla basta con medir una de las distancias, y la primera que se midió fue la de la Tierra a Marte, por los franceses Jean-Dominique Cassini (1625-1712) y Jean Richer (1630-1696) en 1672. Determinando al mismo tiempo la posición de Marte con respecto a las estrellas en el momento de la oposición (el momento de su órbita en que los dos planetas están más próximos), comprobaron que esta posición no era la misma desde dos lugares de observación muy distantes, a saber, el observatorio de París para Cassini, y Cayena, en la Guayana Francesa, para Richer, lo cual, por el efecto de perspectiva, les permite determinar la distancia de Marte. A partir de ahí deducen la distancia de la Tierra al Sol, estimada entonces en 135 millones de kilómetros (en realidad son 150 millones), y amplían considerablemente la escala de distancias que había prevalecido desde Aristarco, porque el límite inferior de ocho millones de kilómetros para la distancia de la Tierra al Sol se transformó poco a poco en el valor real de esa distancia, o al menos en un buen orden de magnitud de la misma. Saturno, diez veces más alejado del Sol que la Tierra, está ahora a mil quinientos millones de kilómetros. Y más allá, no se sabe.

La coherencia del cielo se refuerza en 1687 con la publicación de las leyes de la gravitación universal por Isaac Newton (1643-1727). Al explicar que los objetos se atraen en proporción a su masa, Newton pone fin al debate entre geocentrismo y heliocentrismo. En el universo son los objetos más pequeños (o, para ser más exactos, los menos masivos) los que giran alrededor de los más grandes. Como el Sol es indiscutiblemente más grande y sin duda mucho más masivo que la Tierra, es él el que está en el centro. De hecho, la teoría de Newton explica todos los movimientos observados: el de los planetas alrededor del Sol, pero también el de los satélites alrededor de los planetas. En particular, Newton explica las leyes empíricas encontradas por Kepler para describir los movimientos de los astros, a saber, que tienen lugar en un plano, que las órbitas son elipses —es decir, círculos más o menos achatados—, que estas elipses se recorren a velocidades variables —cuanto más cerca está el planeta del Sol, más rápido se desplaza— y, por último, que existe una ley que relaciona el tamaño de la órbita y el tiempo necesario para recorrerla. Así pues, ya no cabe duda de que el Sol está inmóvil en el centro y que los planetas giran a su alrededor; pero la prueba directa del movimiento de la Tierra se hace todavía esperar. La prueba llega en 1729 con las observaciones del astrónomo inglés James Bradley (1693-1762). Bradley se da cuenta de que, al igual que la dirección aparente de la lluvia depende de la velocidad del coche en el que se viaja[2], la luz de las estrellas debe cambiar ligeramente de dirección

---

2. En la época de Bradley evidentemente no había automóviles, pero el fenómeno se produce de manera idéntica con el viento, cuya dirección aparente cambia cuando el velero cambia de rumbo o de velocidad.

a lo largo del año a medida que la Tierra va recorriendo su órbita alrededor del Sol. Este fenómeno sorprende al propio Bradley cuando lo analiza antes de observarlo, hasta el punto de que lo califica de «aberrante»... y le da el nombre de «aberración de la luz» cuando finalmente lo observa. Por aberrante que sea, esta observación invalida definitivamente el principio de una Tierra inmóvil, que ahora no es más que una arcaica fantasía contradicha por los hechos. A la Iglesia no le queda otra opción: levanta la prohibición sobre los trabajos de Galileo, aunque lo hace de mala gana, porque exige que el movimiento de la Tierra sea calificado de «supuesto»... ¡a pesar de que acaba de demostrarse de manera indiscutible! Para el mundo científico, este giro llega demasiado tarde. Es un «no evento», porque los argumentos a favor del geocentrismo son insostenibles desde hace tiempo.

En 1781, el cielo se amplía considerablemente con el descubrimiento de Urano por el astrónomo inglés William Herschel (1738-1822). A casi el doble de distancia que Saturno, este nuevo planeta orbita a unos tres mil millones de kilómetros del Sol. Herschel no es ni mucho menos el primero en observar Urano. Situado en el límite de la visibilidad sin instrumentos, el planeta ha sido visto sin duda por muchos curiosos observadores del cielo desde la prehistoria. Pero hasta entonces nadie se ha percatado de que este minúsculo punto luminoso se mueve lentamente. En astronomía, como en muchas otras ciencias, no siempre gana el primero en observar un fenómeno, sino el primero en comprender su interés. Urano se dota muy pronto de varios satélites, Titania y Oberón, descubiertos en 1787 por el propio Herschel. Lo mismo había ocurrido con Saturno, en torno al cual Titán no había sido mucho tiempo su única luna: Jápeto (o Japeto) y

Rea habían sido descubiertos por Cassini en 1673, seguidos de Tetis y Dione por el mismo Cassini trece años más tarde. El descubrimiento de Urano ofrece una nueva oportunidad de poner a prueba el poder predictivo de las leyes de la gravitación y, ¡sorpresa!, Urano no se mueve exactamente como estaba previsto. ¿Se trata de un fallo en el edificio erigido por Isaac Newton un siglo atrás? En absoluto. Los astrónomos ya saben que los planetas influyen ligeramente en el movimiento de los demás. Siguen siempre muy de cerca la trayectoria que tendrían si estuvieran solos alrededor del Sol, pero se desvían ligeramente de ella debido a la presencia de sus compañeros. De hecho, este efecto ya se tuvo en cuenta en la década de 1750, cuando los astrónomos predijeron con éxito el regreso del cometa Halley, observado en numerosas ocasiones desde la Antigüedad. El cometa debe su nombre a Edmund Halley (1656-1742), que fue el primero en reconstruir la trayectoria de un cometa que observó en 1682, comprendiendo que probablemente era el mismo que el observado en 1607 por Kepler y en 1531 por varios astrónomos. Predecir la fecha y la dirección exactas de su siguiente paso en 1759 significaba tener en cuenta la influencia de Júpiter en su trayectoria durante su paso anterior. Lo aplicable al cometa Halley se aplicaba sin duda a Urano, pero ninguno de los planetas conocidos bastaba para explicar todas las anomalías de su movimiento.

Dos astrónomos, el francés Urbain Le Verrier (1811-1877) y el inglés John Couch Adams (1819-1892), se preguntan entonces cuáles podrían ser las características de un nuevo planeta, desconocido por estar demasiado lejos para haber sido detectado, pero capaz de explicar la anomalía en el movimiento de Urano. Para ello es indispensable hacer

algunas hipótesis. Nuestros dos hombres suponen entonces correctamente (y con un poco de suerte) que el planeta
desconocido tiene una masa comparable a la de Urano y
que se encuentra a una distancia del Sol aproximadamente
dos veces superior a la de Urano, lo cual es inexacto pero
no tiene graves consecuencias. El método utilizado por Le
Verrier es más eficaz y preciso que el de Adams y predice
la posición del planeta con suficiente exactitud como para
que su colega Johann Gottfried Galle (1812-1910), del observatorio de Berlín, lo localice en menos de una noche de
observación. El nuevo planeta, de color azul oscuro, recibe
el nombre de Neptuno por iniciativa de Le Verrier, el hombre que lo descubrió «con la punta de su pluma», como
lo resumió François Arago (1786-1853), entonces director
del observatorio de París. Bastan luego diecinueve días
para que Neptuno se adorne con su primer satélite, Tritón,
descubierto por el inglés William Lassell (1799-1880). En
los años siguientes, él mismo descubre otros tres satélites:
Hiperión, alrededor de Saturno, en 1848, y Ariel y Umbriel,
alrededor de Urano, tres años más tarde.

Mientras tanto, el cielo se enriquece con una nueva categoría de objetos. La noche del 1 de enero de 1801, el astrónomo italiano Giuseppe Piazzi (1746-1826) inaugura el siglo
descubriendo lo que cree que es un cometa, situado en
algún lugar entre Marte y Júpiter. Pero el estudio de sus
propiedades demuestra que su órbita, a diferencia de la de
los cometas, es relativamente circular, y que no tiene la cola
tan característica de esos astros. Deduce por tanto que acaba de descubrir un nuevo planeta, al que llama Ceres, en
homenaje a la diosa romana protectora de su Sicilia natal.
Sorprendentemente, el nuevo planeta no tarda en encontrar

un compañero: observado durante seis semanas seguidas por Piazzi, Ceres acaba pasando por detrás del Sol y haciéndose invisible durante un tiempo. Pero el periodo de observación es lo suficientemente largo como para que el matemático alemán Carl Friedrich Gauss (1777-1855) pueda predecir, mediante técnicas desarrolladas para la ocasión, dónde encontrarlo unos meses más tarde. Y es precisamente mientras intenta volver a encontrar Ceres cuando el astrónomo alemán Heinrich Olbers (1758-1840) hace en 1802 el descubrimiento fortuito de otro objeto cerca de la dirección donde debía estar Ceres. ¿Otro planeta, quizás? Se le bautiza con el nombre de Palas. Le sigue en 1804 Juno, descubierto por Karl Ludwig Harding (1765-1834), y luego Vesta, descubierto también por Olbers en 1807.

En cuatro años, el sistema solar ha incorporado cuatro nuevos planetas. Pero planetas verdaderamente extraños. Situados todos ellos entre Marte y Júpiter, deberían haber sido fácilmente visibles a simple vista, pero no es así: solo Vesta lo es, pero de manera excepcional, y en el límite de visibilidad. Además, sus distancias al Sol son muy similares, del orden de 400 millones de kilómetros, mientras que las órbitas de los planetas están separadas por enormes distancias. Por otro lado, no están situados en el mismo plano y apenas pasan tiempo en la región del cielo (llamada eclíptica) por donde circulan de ordinario los planetas. Todo ello lleva a los astrónomos a sugerir, con Herschel a la cabeza, que lo descubierto no son cuatro nuevos planetas —lo que en 1807 elevaba el total a once, incluidos los siete conocidos hasta entonces—, sino de cuatro representantes de una nueva categoría de objetos que él propone denominar «asteroides».

La propuesta es recibida inicialmente con reticencias. Después de todo, ¿por qué no iba a haber cuatro planetas, por pequeños que fueran, en un corto intervalo de distancia del Sol? Pero las décadas de 1840 y 1850 cambian la situación, esta vez de forma definitiva. En 1845 se descubre un quinto asteroide —¿o un duodécimo planeta?— que recibe el nombre de Astrea. Luego llegan Hebe, Iris y Flora en 1847. Y Metis en 1848, así como Higía al año siguiente. En 1850 se descubren tres nuevos objetos: Parténope, Victoria y Egeria. Dos al año siguiente (Irene y Eunomia) y nada menos que ocho en 1852, con Psique, Tetis, Melpómene, Fortuna, Massalia, Lutecia, Calíope y Talía. En menos de una década, el número de objetos situados entre Marte y Júpiter pasa de cuatro a veintitrés, cifra que sigue creciendo a un ritmo vertiginoso. El centésimo objeto de la lista se descubre en 1868, y el bicentésimo en 1879. Menos de un cuarto de siglo después, la cifra alcanza 500 (en 1903), y 1000 veinte años más tarde. Definitivamente, entre Marte y Júpiter hay algo más que planetas.

El estudio de los planetas, la estimación de su tamaño (porque podemos ver sus discos) y la dinámica de sus satélites permiten determinar su masa. El sistema solar tiene cuatro planetas pequeños, conocidos como «rocosos» o «telúricos», que son también los más cercanos al Sol: Mercurio, Venus, la Tierra y Marte. Los otros cuatro, Júpiter, Saturno, Urano y Neptuno, conocidos como gigantes gaseosos, están mucho más lejos. Todos ellos tienen satélites —un total de dieciséis—, mientras que solo uno de los planetas más pequeños tiene uno: la Tierra. La singularidad de la Tierra dura hasta 1877, cuando el astrónomo norteamericano Asaph Hall (1829-1907) descubre en rápida sucesión dos minúsculos satélites alrededor de Marte: Deimos el 12 de agosto y Fobos seis días después. Son, con mucho, los satélites más pequeños conocidos, casi quince veces más pequeños que Hiperión.

La tecnología se torna decisiva

Hasta ese momento, nadie sabe nada de todos esos satélites. Demasiado pequeños y demasiado lejanos, aparecen como puntos que no revelan nada de sus misterios. A excepción, claro está, de la Luna, que desde Galileo los astrónomos observan y cartografían desde todos los ángulos. Bueno, no desde todos, porque aunque la Luna gira alrededor de la Tierra, también gira sobre sí misma y lo hace al mismo ritmo, de modo que siempre vemos la misma cara.

¿Cómo es posible que estos dos movimientos, de rotación y de revolución, estén tan perfectamente sincronizados? ¡Misterio! Pero en el momento del descubrimiento de Jápeto por Cassini en 1673 se desliza un elemento inesperado en la discusión. Este satélite de Saturno, bastante alejado del planeta, solo es visible la mitad del tiempo, es decir, cuando, visto desde la Tierra, se encuentra a la derecha del planeta. El propio Cassini se encarga de interpretar el fenómeno. Tal vez Jápeto, al igual que la Luna, haya sincronizado sus periodos de rotación y revolución. Si, por una razón u otra, su superficie es de brillo variable, será más o menos visible en función de su orientación con respecto a la Tierra o, lo que es lo mismo, de su posición con respecto a Saturno. El hecho de que solo sea visible la mitad del tiempo significa que Jápeto tiene una cara mucho más brillante que la otra.

Aunque el origen de este contraste entre dos hemisferios no se conocerá durante siglos, Cassini inaugura sin saberlo un elemento decisivo en astronomía: la observación directa, incluso con la ayuda de un instrumento, dista mucho por sí sola de proporcionar toda la información sobre los objetos estudiados. Otras técnicas —en este caso, el estudio de las variaciones de brillo, que más tarde se denominaría fotometría— son al menos igual de valiosas, sobre todo cuando se trata de objetos pequeños o lejanos.

Los últimos años del siglo XIX son testigos de grandes progresos en el campo de la observación. Está, naturalmente, la fotografía, que lentamente se impone en el mundo de la astronomía. La fotografía compensa la principal limitación del ojo humano: la imagen que este forma en el cerebro corresponde a la luz recogida por la retina durante una décima de segundo. Cualquier objeto que emita muy poca luz en ese corto espacio de tiempo está condenado a permanecer invisible, limitación que persiste aun cuando nuestros ojos se complementen con un instrumento, ya sea un telescopio refractor o un telescopio reflector. En efecto, estos instrumentos ayudan al ojo a recoger más luz, pero solo durante una décima de segundo. Con tiempos de exposición arbitrariamente largos, la fotografía nos permite ver objetos mucho más tenues. En cuanto al estudio del sistema solar, el punto de inflexión se produce en la década de 1890. En 1892, el norteamericano Edward Emerson Barnard (1857-1923) es el último en descubrir un satélite mediante observación visual. Se trata de Amaltea, el primer satélite de Júpiter descubierto desde Galileo. Mucho más pequeño que sus cuatro compañeros descubiertos a principios del siglo XVII, está además mucho más cerca del planeta, lo que dificulta aún más su observación. Seis años más tarde se descubre fotográficamente Febe, esta vez un satélite muy alejado de Saturno. Posteriormente será observado sin ayuda de fotografías, pero solamente una vez conocida su posición. Para el descubrimiento, las imágenes son ahora indispensables.

Incluso más que la fotografía es la espectroscopia la que lleva la astronomía a una nueva dimensión. Hasta entonces la astronomía había sido una ciencia puramente observacional. Se cartografiaban, clasificaban y nombraban los astros. Pero rara vez se hablaba de su verdadera naturaleza ni de los procesos físicos que se producen en ellos. Así, el filósofo francés Auguste Comte (1798-1857) afirma con cierta presunción en 1835 en su *Cours de philosophie positive*: «Por lo que respecta a las estrellas, nunca podremos estudiar por ningún medio su composición química ni su estructura mineralógica, y mucho menos la naturaleza de los cuerpos organizados que viven en su superficie». Para él, las estrellas están demasiado lejos para pretender que se puedan traer muestras de allí, y por tanto es imposible saber nada de ellas, utilizando un razonamiento que parece tan simple como implacable. Pero solo en apariencia. En 1814, el físico alemán Joseph von Fraunhofer (1787-1826) descubre las lagunas que hay en la luz solar. La luz del Sol puede descomponerse en sus colores elementales —es lo que ocurre en el arco iris de forma natural o lo que puede hacer un instrumento diseñado específicamente para ello, con mucha más precisión—, y cuando se analiza esta luz color a color se detectan ausencias. Al principio, estas lagunas no son más que una de tantas curiosidades. Pero en 1859, los alemanes Gustav Kirchhoff (1824-1887) y Robert Bunsen (1811-1899) observan que ciertas sustancias muy terrestres también pueden absorber o reemitir esos mismos colores al calentarlas.

Aunque en aquel entonces no se comprende el mecanismo que produce ese fenómeno, el hecho es que de ese modo se pueden identificar las sustancias en cuestión, tanto en el laboratorio como en el Sol o en cualquier otro objeto: la descomposición de la luz que emite —su espectro, en el lenguaje de los físicos— ofrece nada menos que la posibilidad de determinar de qué está constituida. En el Sol, por ejemplo, podemos detectar la presencia de hierro, calcio, oxígeno o sodio. Y lo que es cierto para el Sol también puede serlo para todos los astros, siempre que sean suficientemente luminosos. Y si no lo son, la fotografía, con tiempos de exposición suficientemente largos, permite conocer su espectro, sea cual sea el objeto, y hacerse una idea de su composición superficial. Fue así, por ejemplo, como los astrónomos pudieron detectar o confirmar la presencia de una atmósfera alrededor de la mayoría de los planetas, identificando sus distintos componentes. En 1931, el norteamericano de origen alemán Rupert Wildt (1905-1976) detecta la presencia de amoniaco y metano en Júpiter y en los demás planetas gigantes.

El hecho de que estos planetas contienen grandes cantidades de gas ya era conocido: el conocimiento de su radio (deducido de la observación de su tamaño) y de su masa (deducida del *ballet* de sus satélites) permitía deducir que estos planetas tenían una densidad baja, muy inferior a la de las rocas. Por tanto, debían estar compuestos principalmente de gas, que solo la espectroscopia podía determinar. Al año siguiente, Walter Adams (1876-1956) y Theodore Dunham Jr (1897-1984) detectan la presencia de dióxido de carbono (CO_2) en la atmósfera de Venus. El hecho de que Venus tiene una atmósfera era conocido también desde hacía tiempo: la ausencia de relieve distinguible en el disco del planeta y su aspecto muy brillante habían llevado a los astrónomos a concluir que el planeta estaba permanentemente cubierto de una gruesa capa de nubes. Gracias a la espectroscopia queda claro que el dióxido de carbono es el principal componente de la atmósfera, y Wildt no tarda en predecir que su abundancia es tal que produce un considerable efecto invernadero y calienta la superficie del planeta hasta 400 °C como mínimo, una cifra que resultó ser incluso inferior a la real. En cuanto a las nubes, es imposible adivinar su composición, salvo que su color amarillento y la espectroscopia parecen indicar que no están compuestas de agua. La espectroscopia no proporciona (todavía) todas las respuestas, pero garantiza que las atmósferas de la Tierra y Venus tienen muy poco en común.

En 1947, el holandés Gerard Kuiper (1905-1973) detecta también CO_2 en la atmósfera de Marte. Una vez más, la presencia de una atmósfera marciana no constituye ninguna sorpresa, ya que desde hacía décadas se venían observando cambios en el aspecto del planeta. Se habían visto nubes blancas y se había detectado la existencia de tormentas globales que en ocasiones oscurecían cualquier detalle de la superficie. Además se habían observado casquetes polares blancos, cuyo tamaño variaba a lo largo de las estaciones marcianas. En resumen, en Marte hay nubes y viento, y por tanto una atmósfera, cuyo principal componente es, una vez más, el CO_2. Los casquetes polares, en cambio, están compuestos principalmente de agua helada. Aún más sorprendente fue el descubrimiento por el mismo Kuiper en 1944 de una atmósfera alrededor de Titán, satélite de Saturno, para el que no se había previsto en absoluto que tuviera una densa atmósfera.

Con la conquista del espacio cambia naturalmente de dimensión el conocimiento del sistema solar. En octubre de 1957 la Unión Soviética asombra al mundo lanzando su primer satélite artificial, el *Sputnik*. Los norteamericanos tardan unos meses en lavar la afrenta y en lanzar su primer satélite, el *Explorer 1*, en 1958. Aunque uno de los objetivos de la carrera espacial es desarrollar misiles balísticos con cabezas nucleares, el *Explorer 1* es un satélite puramente científico. Lo dirige James Van Allen (1914-2006) y su objetivo es estudiar los rayos cósmicos, partículas altamente energéticas procedentes del espacio y detectadas por primera vez por el físico austriaco Victor Hess (1883-1964) en 1912. *Explorer 1* es un satélite en extremo rudimentario. Con una masa de solo catorce kilogramos, sus sensores registran el flujo de rayos cósmicos a distintas distancias de la superficie terrestre y revelan que están como atrapados en determinados lugares. Van Allen y otros no tardan en darse cuenta de que esto es debido al entorno magnético de la Tierra, que es más complejo de lo que habían imaginado.

El *Explorer 1*, que sobre el papel es un simple demostrador tecnológico, realiza sin embargo de golpe un gran descubrimiento. Así progresa la conquista del espacio, en la que cada éxito inicial se convierte en un golpe maestro y revela un nuevo mundo. La sonda soviética *Luna 2* es la primera en estrellarse (deliberadamente) contra la Luna y detectar que esta, a diferencia de la Tierra, no tiene campo magnético. Su sucesora, *Luna 3*, tiene éxito en su misión de fotografiar la cara oculta de la Luna, que resulta ser muy diferente de la cara visible, observada a simple vista desde la prehistoria. La cara visible está salpicada de vastas zonas oscuras, llamadas «mares» por los antiguos astrónomos, que imaginaban que se trataba de vastas extensiones de agua. La observación instrumental invalida esta hipótesis, pero revela que los mares están mucho menos salpicados de cráteres que el resto de la superficie lunar. En cuanto a *Luna 3*, muestra la práctica ausencia de mares lunares en el lado de nuestro satélite que está oculto desde la Tierra. Por primera vez se conoce la totalidad de la superficie de un astro y, también por primera vez, esta resulta ser tremendamente contrastada, como debía de ser Jápeto según las observaciones de Cassini.

Llega luego la hora de lanzarse a la conquista de mundos más lejanos. Primero es la *Pioneer 10*, lanzada en dirección a Júpiter el 3 de marzo de 1972. Con una masa muy reducida (menos de 300 kilogramos), puede alcanzar fácilmente grandes velocidades, lo que le permite llegar a Júpiter en solo veintiún meses, demostrando de paso que el cinturón de asteroides puede atravesarse sin daño alguno. Una buena noticia para la NASA, que en aquel momento estimaba prudentemente que el riesgo de colisión con un pequeño meteorito era del 10 %. La trayectoria de aproximación de la *Pioneer 10* se ajusta para pasar suficientemente cerca de Júpiter, permitiéndole acelerar hasta el punto de adquirir suficiente velocidad para poder abandonar el sistema solar muchos años después. Teniendo en cuenta las incertidumbres que rodean a una misión tan compleja como la *Pioneer 10*, la NASA decide construir una sonda gemela, la *Pioneer 11*, lanzada un año después que su *alter ego,* en abril de 1973. También dirigida hacia Júpiter, al que se aproxima en diciembre de 1974, ajusta su trayectoria para desviarse bruscamente tras su encuentro con el planeta gigante y girar hacia Saturno, al que llega en septiembre de 1979. Había llegado el momento de plantearse una misión mucho más ambiciosa, el programa *Voyager*. Su objetivo sería intentar lo que los norteamericanos llaman el «Grand Tour» al sistema solar: visitar sucesivamente los cuatro planetas gigantes —Júpiter, Saturno, Urano y Neptuno— y que el sobrevuelo de cada uno de ellos permita a la sonda ajustar su trayectoria sin gastar cantidades importantes de combustible para lanzarse en dirección al siguiente. Esta situación solo fue posible gracias a la configuración particular de los planetas, que, dado que sus trayectorias son recorridas a velocidades diferentes, no volvería a repetirse hasta siglo y medio después.

Al igual que en el proyecto *Pioneer*, se construyen dos sondas gemelas, lanzadas esta vez casi simultáneamente: la *Voyager 2* el 20 de agosto de 1977 y la *Voyager 1* el 5 de septiembre del mismo año. Sin embargo, es la *Voyager 1*, lanzada con una trayectoria más tensa, la primera en llegar a Júpiter (en marzo de 1979) y luego a Saturno (en noviembre de 1980), mientras que la *Voyager 2* hace lo propio en julio de 1979 y agosto de 1981. Este desfase es deliberado: permite ajustar el programa de observación de la segunda sonda en función de los resultados obtenidos por la primera. Con una masa mucho mayor y un equipamiento científico mucho más avanzado que el de las sondas *Pioneer*, son estas dos sondas las que más han contribuido al conocimiento de los planetas gigantes. Al acercarse a Saturno, se decide que *Voyager 1* concentre sus observaciones en Titán, su enigmático satélite y el único del sistema solar con atmósfera. Aunque la *Pioneer 11* había demostrado que Titán es un satélite muy frío y sin posible actividad biológica en su superficie, constituye no obstante un objetivo científico de primer orden, una especie de «Tierra en el congelador», por utilizar la pintoresca expresión de los científicos de la época. Dadas las propiedades esperadas de Titán, bien merece la pena el esfuerzo. Sin embargo, hay un precio que pagar: renunciar a dirigirse a Urano y Neptuno. *Voyager 2*, por su parte, prosigue su viaje redirigiéndose hacia Urano, al que llega en enero de 1986, y luego a Neptuno, en el verano de 1989; *Voyager 2* sigue siendo la única sonda que ha visitado estos dos planetas.

La gran cantidad de datos recogidos por las sondas *Voyager* lleva entonces a la NASA a organizar misiones aún más ambiciosas a los planetas gigantes, misiones no limitadas simplemente a un rápido sobrevuelo, sino consistentes en una aproximación a velocidades más lentas que permitan una puesta en órbita y un estudio en detalle de los planetas durante varios años. Así nacen la misión *Galileo* a Júpiter y la misión *Cassini* a Saturno, bautizadas en homenaje a los científicos del siglo XVII que habían empezado a descifrar algunos de sus secretos. Con una masa de más de cinco toneladas en el momento del despegue, es difícil hacer que estos ingenios lleguen tan lejos en el sistema solar. Ningún cohete de los disponibles es lo bastante potente para enviarlos directamente a su destino final. Por tanto, son enviados en una trayectoria compleja y realizan varias órbitas que se cruzan con las de Venus o la Tierra con el fin de aprovechar su atracción para adquirir un impulso adicional y dirigirse a Júpiter, destino de *Galileo* pero mero punto de paso para *Cassini*, que de nuevo tiene que aprovechar la atracción de este planeta para continuar su viaje hacia Saturno. Esta técnica, conocida como asistencia gravitatoria, también es utilizada por las escasas misiones destinadas a Mercurio. Esta vez la dificultad estriba en la gran velocidad orbital del planeta, que gira alrededor del Sol a una media de más de cuarenta y siete kilómetros por segundo. Difícil en este caso «atrapar» semejante bólido. Durante la década de 2010 la sonda norteamericana *Messenger* realiza varios sobrevuelos modificando cada vez su trayectoria para reducir su velocidad con respecto a Mercurio y garantizando al tiempo el paso de nuevo por Mercurio unos meses o años más tarde.

En comparación, enviar una sonda a Venus o Marte es más sencillo, más rápido y más económico. Por ello son estos dos planetas los que han sido objeto del mayor número de misiones espaciales. Primero es Venus el que más atrae la atención. Por parte soviética se envían a él, el más brillante de los planetas, numerosas misiones, algunas de las cuales logran posarse en la superficie, aunque no sin dificultades. Tal y como lo predijo Rupert Wildt, la superficie de Venus está tan caliente por el intenso efecto invernadero que las primeras sondas quedan fuera de servicio incluso antes de llegar al suelo. Por accidente, *Venera 7* lo consigue estando todavía en funcionamiento. Pero la cosa no comenzó bien. Primero murió el paracaídas, agostado por el calor cuando aún se encontraba a varios kilómetros de la superficie. La sonda prosiguió su descenso en caída libre, pero la extrema densidad de la atmósfera venusina la ralentizó lo suficiente para que chocara contra el suelo a «solamente» sesenta kilómetros por hora; su robusto diseño le permitió resistir el impacto y transmitir durante unos minutos, tiempo suficiente para confirmar explícitamente la infernal temperatura reinante en la superficie venusina: más de 450 °C.

Otras misiones soviéticas también se posaron en el caluroso planeta, pero sin poder funcionar durante mucho tiempo, debido a las insoportables condiciones de temperatura y de presión. La más dura de pelar fue *Venera 13*, que sobrevivió dos horas y siete minutos tras posarse, enviando por primera vez imágenes en color de la superficie.

Sin embargo, más que todos los demás planetas es Marte el objeto que concita más atención. La razón es que tiene la superficie menos hostil de todos ellos, aparte de la Tierra. Es sólida —por lo que las naves espaciales pueden posarse en ella—, está rodeada de una atmósfera —lo que facilita el procedimiento de aterrizaje— y las condiciones de temperatura (en torno a –50 °C) y de presión no son las más extremas. Además, es fácilmente accesible desde la Tierra, con ventanas de lanzamiento favorables cada dos años y viajes de apenas ocho o nueve meses de duración. Sin embargo, Marte se resistió durante mucho tiempo a las tentativas humanas de desvelar sus secretos. Hubo innumerables fracasos, espectaculares o ridículos, que echaron por tierra las esperanzas puestas en tal o cual misión espacial, antes de que, por la fuerza de los números y de la experiencia dolorosamente adquirida, la tendencia se invirtiera gradualmente y los éxitos superaran a los fracasos. En el momento de escribir estas líneas hay más de diez misiones espaciales operativas alrededor de Marte o en su superficie. La más antigua, *Mars Odyssey*, celebró en 2021 su vigésimo aniversario.

Durante mucho tiempo, los únicos objetivos de la exploración espacial fueron los planetas, pero poco a poco fueron llamando la atención los pequeños cuerpos del sistema solar. En primer lugar el más famoso de todos ellos, el cometa Halley, que recibió la visita de varias naves espaciales, entre ellas la de la sonda europea *Giotto,* en su vuelta cerca del Sol en 1986. Luego fueron varios asteroides, como «objetivos de oportunidad» de misiones espaciales que se aventuraron más allá de Marte. La sonda *Galileo,* camino de Júpiter, sobrevoló brevemente Gaspra, en 1991, e Ida, dos años más tarde. Poco a poco, los objetivos de oportunidad se convirtieron en objetivos por derecho propio, es decir, en el objetivo principal de misiones específicas. Por ejemplo, la misión norteamericana *Dawn* se satelizó sucesivamente alrededor de los dos asteroides más grandes, Vesta en 2011 y Ceres en 2015. Japón no se queda atrás, interesándose por asteroides más pequeños y más fácilmente accesibles desde la Tierra, con el fin de recoger muestras. Es el caso de la misión *Hayabusa*, que en 2010 trajo pequeñísimas cantidades de polvo del asteroide Itokawa, y el de su hermana mayor *Hayabusa 2*, que hace lo propio (pero con cantidades más grandes) con el asteroide Ryugu en 2020. Cinco años antes fue Plutón el que acaparó los titulares tras el rápido pero instructivo sobrevuelo de la sonda norteamericana *New Horizons*. No hay espacio suficiente para detallar todos los resultados obtenidos desde el comienzo de la era espacial. Me limitaré a mencionar algunos de ellos en función de las necesidades del relato.

Arqueología celeste

Este capítulo tiene el aspecto de una colección de hechos. De hechos dispares, establecidos al son de los progresos tecnológicos u observacionales, a los que no es fácil dar una coherencia global. ¿Cuáles de las características de los objetos del sistema solar son resultado del simple azar o por el contrario de un proceso subyacente? ¿Es relevante el hecho de que no todos los planetas telúricos tengan una atmósfera? ¿Y el hecho de que estos mismos planetas rara vez tengan satélites? ¿Es «normal» que los planetas terrestres estén cerca del Sol, mientras que los planetas gigantes están mucho más lejos? ¿Que haya tantos de los primeros como de los segundos? ¿Que estén separados por un sinfín de asteroides? ¿Y que estos gigantes sean los únicos que tienen anillos? ¿Existe alguna razón para que los satélites ofrezcan casi siempre la misma cara hacia su planeta? Y las masas de los planetas o las distancias que los separan ¿revelan algo?

La lista de preguntas parece interminable. Lo que es seguro es que el sistema solar tiene una larga historia, incluso muy larga, más larga en cualquier caso de lo que los científicos imaginaron en un principio. Y quien dice historia dice posiblemente evolución. A pesar de muchas reticencias, los científicos han acabado por aceptar que el sistema solar cambia en el transcurso del tiempo y que su estado actual puede quizás decirnos algo sobre sus orígenes. Comprender el sistema solar, y no solo explorarlo, es la labor de un investigador, si es que no la de un arqueólogo. No es una situación a la que estén acostumbrados los astrónomos. Podemos observar estrellas o galaxias en distintos momentos de su historia, lo que permite reconstruir —aunque con cierta dificultad— el curso de su evolución. Pero eso no funciona con el sistema solar. Durante mucho tiempo el sistema solar fue único, y solo puede observarse durante una época, también única. Reconstruir el hilo de su historia es más difícil. El curso de los acontecimientos tenemos que deducirlo a partir de los indicios que la madre naturaleza ha tenido a bien dejarnos, sin saber cuáles son de valor o hasta qué punto lo son. *A priori* es difícil adivinar cuáles de las preguntas de los párrafos anteriores son las más pertinentes y las que tienen más probabilidades de proporcionar respuestas ricas en información.

Además hay una pequeña preocupación: que la investigación sea en vano. ¿Qué sentido tiene estudiar un objeto esencialmente único? Durante mucho tiempo no conocimos más que un único sistema solar, y ni siquiera sabíamos si había otros. Imposible por tanto saber hasta qué punto su propia existencia es el resultado de un fenómeno genérico o si por el contrario es algo altamente improbable, o incluso único. Imposible, en el primer caso, conocer los puntos comunes o diferencias que podría tener con sus hipotéticos *alter ego*. Y el descubrimiento de estos últimos llevó mucho tiempo.

2.   La posibilidad de otros planetas

«Existen, pues, innumerables soles, existen infinitas tierras que giran igualmente en torno a dichos soles, del mismo modo que vemos a estos siete [planetas] girar en torno a este sol cercano a nosotros». Con estas proféticas palabras abordaba a finales del siglo XVI el teólogo y filósofo Giordano Bruno la cuestión del lugar de la Tierra en el universo. Conocía la obra de Nicolás Copérnico, el primero en aportar argumentos convincentes de que la Tierra no era el centro del universo, y se había inspirado en escritos de otros filósofos, en particular Nicolás de Cusa (1401-1464), sobre la posible infinitud del mundo. Pero en su obra *Del infinito: el universo y los mundos*, publicada en 1584, Bruno va mucho más lejos. Si la Tierra no está en el centro del universo, ¿qué justificaría que fuese única? Porque era precisamente su posición privilegiada, defendida desde Aristóteles casi dos mil años antes y retomada por el cristianismo, la que otorgaba a nuestro planeta un estatus especial en el universo.

Si su posición no es privilegiada, la Tierra quizá no tenga ya ninguna razón para ser única. Y con los argumentos de Nicolás Copérnico, Giordano Bruno comprende que ya no hay ninguna razón objetiva para considerar la Tierra como el centro del universo. ¿Y las estrellas? Nadie sabe cuál es su naturaleza. Podrían ser objetos similares al Sol, ni más ni menos intrínsecamente brillantes que él, pero inmensamente más lejanos. Vertiginosa perspectiva que amplía considerablemente la concepción del universo reinante hasta entonces en Occidente. Peor aún, si las estrellas no parecen tener todas el mismo brillo, quizá sea porque no están todas a la misma distancia. Los verdaderos límites del universo no son entonces los que se ven, porque lo que se percibe es solo una pequeña parte de él. Y si no vemos los límites del universo, ¿qué prueba hay de que realmente los tenga? El filósofo italiano es el primero en considerar seriamente la hipótesis de un universo infinito, una inmensidad sin límites en la que, de rechazo, nos vemos reducidos a una especie de insignificancia cósmica. Su razonamiento no se detiene ahí. Si las estrellas son similares al Sol, ¿por qué no habrían de estar también rodeadas de un cortejo planetario? Y si nuestro cortejo planetario alberga vida, ¿por qué no habría de ser igual en otros lugares? En la misma obra, uno de los personajes se pregunta: «¿Así, pues, los otros mundos están habitados como el nuestro?», a lo que otro, que en realidad es el portavoz de Giordano Bruno, responde sin ambigüedad: «Si no así y de mejor modo, por lo menos igualmente, porque es imposible que un ser racional y un tanto despierto pueda imaginar que estos innumerables mundos, tan magníficos o más que el nuestro, carezcan de habitantes semejantes e incluso superiores».

Desde un punto de vista teológico, las palabras de Giordano Bruno no son anodinas. En otras palabras, dice, Dios, habiéndose tomado la molestia de poblar de criaturas la Tierra, no habría tenido más remedio que hacer lo mismo con los demás mundos. Y en ese caso es difícil pretender que hayamos recibido una atención especial del Creador, con quien todas las religiones afirman sistemáticamente mantener una relación privilegiada. Como es de imaginar, este tipo de posicionamientos son recibidos con gran hostilidad en los círculos religiosos, una hostilidad que Bruno no hace nada por aplacar, máxime cuando al mismo tiempo abraza otras ideas contrarias a los dogmas de la época en ciertas cuestiones puramente teológicas (por ejemplo, negar la virginidad de María, madre de Jesús de Nazaret). Ocho años después de la publicación de *Del infinito: el universo y los mundos*, Bruno es arrestado por la Inquisición romana. La Inquisición instruye contra él un largo proceso de años, durante los cuales crece sin cesar la lista de acusaciones, alimentada por las «confesiones» arrancadas bajo tortura a otros herejes que le acusan de mil males, con la esperanza de obtener así su salvación. Bruno, hábil en su defensa, no quiere sin embargo conceder nada en cuanto al fondo. Señala, por ejemplo, que un dios infinitamente poderoso sería muy poco ambicioso si se contentara con crear una sola Tierra y no una multitud de ellas. Pero la pluralidad de mundos es un tema demasiado delicado para aceptarlo con un artificio retórico, por ingenioso que sea.

Cuando se le conmina a que reniegue de algunas de sus tesis, el monje dominico duda y finalmente rehúsa: «No temo nada y no me retracto de nada, no hay nada de lo que retractarse y no sé de qué tendría que retractarme». Su destino está sellado. Condenado a muerte, aún tiene fuerzas para decir a sus jueces la célebre frase: «El miedo que sentís al imponerme esta sentencia tal vez sea mayor que el que siento yo al aceptarla». El 17 de febrero de 1600 es quemado vivo en la plaza pública, no sin antes haber recorrido Roma con la lengua clavada a un trozo de madera, tanto para impedirle hablar como para dar a entender públicamente el principal motivo de su ejecución, el de haber sido un espíritu demasiado libre para el yugo religioso de la época. Los especialistas debaten hasta qué punto las ideas cosmogónicas de Giordano Bruno desempeñaron un papel importante en su condena. Sus tesis teológicas habrían bastado por sí solas para que corriera la suerte que corrió. Pero no cabe duda de que ambas cosas estaban estrechamente ligadas: un espíritu libre será tanto más proclive a criticar el dogma vigente y por ende a la autoridad, y esto es sin duda a lo que «más miedo» tenía una Iglesia que fue perdiendo terreno a lo largo de todo el siglo XVI.

Porque, como en el caso de Galileo, que sería condenado unas décadas más tarde en circunstancias bastante similares, es una doble lucha la que se libra contra las autoridades religiosas: por un lado, la búsqueda de lo que es verdad, y por otro la autoridad que se deriva de ella para quien posee y posiblemente impone ese saber. Oponerse a la posición dogmática de una autoridad, sea la que sea, es indirectamente poder socavarla, y en ese tipo de situaciones las reglas del juego no son las mismas para todo el mundo: cuando la Iglesia condena a Galileo por sus ideas sobre el hecho de que probablemente sea la Tierra la que gira alrededor del Sol y no al revés, la Iglesia lo tiene fácil para decir que Galileo no tiene pruebas de ese movimiento, cosa que es totalmente cierta en aquella época. La Iglesia da sobre todo muestras de una gran deshonestidad, porque precisamente Galileo ha demostrado que los «argumentos» expuestos por la Iglesia para afirmar la inmovilidad de la Tierra ya no son admisibles. En el caso de Giordano Bruno ocurre lo mismo, aunque con consecuencias por desgracia aún más trágicas.

Una búsqueda aún inconclusa

Cuando Giordano Bruno afirma su convicción de que existe una pluralidad de mundos está reavivando un debate que ya existía en la antigua Grecia sobre la naturaleza y la distancia de los astros y las consecuencias que de ello podían derivarse en cuanto al lugar de la Tierra en el universo. La idea del infinito no era del agrado de los pensadores griegos. La infinidad en las matemáticas o en el mundo de las ideas, por qué no, pero el infinito en el mundo físico era más intimidante. En lugar de eso preferían el concepto de un mundo cerrado y, a ser posible, no tan grande. Por supuesto, los científicos griegos ya consiguieron mensurar nuestro entorno inmediato. Tras demostrar la redondez de la Tierra, estimaron su circunferencia con bastante precisión y determinaron con exactitud el tamaño y la distancia de la Luna. Resultado: unos 400 000 kilómetros. A continuación intentaron calcular la distancia al Sol, pero con un éxito a medias, porque solo consiguieron probar que era superior a una decena escasa de millones de kilómetros, lo que también indicaba que el Sol era al menos cinco veces mayor que la Tierra: un primer paso hacia la conciencia de nuestra insignificancia cósmica. Después intentaron estimar la distancia de los cinco planetas conocidos entonces, desde Mercurio hasta Saturno, distancia que cifraron correctamente en diez veces la de la Tierra al Sol... solo que esta última distancia no era conocida. ¿Y después?

Después estaban las estrellas, pero sin posibilidad de saber a qué distancia. La cuestión era sin embargo importante. Si la Tierra estaba inmóvil en el centro del universo, también debía estar inmóvil en relación con las estrellas lejanas. Por otra parte, si era el Sol el que estaba inmóvil, con la Tierra girando a su alrededor, entonces el movimiento de nuestro planeta debería poder observarse a través de una ligera oscilación de las estrellas cercanas con respecto a las lejanas a medida que la Tierra se mueve con respecto a ellas, fenómeno conocido como «paralaje». Algunos astrónomos griegos intentaron, sin éxito, detectar de ese modo el posible movimiento de la Tierra, fracaso que era imposible de interpretar: lo mismo podía significar que la Tierra estaba efectivamente inmóvil en relación con las estrellas cercanas, o alternativamente que las estrellas estaban simplemente demasiado lejos para que el posible movimiento de la Tierra fuera perceptible por ese método. Esta prueba le habría sido muy útil a Galileo para su defensa en el juicio entablado contra él por la Iglesia, pero los medios disponibles en aquella época no permitían zanjar la cuestión.

Hubo que esperar aún dos siglos para medir por primera vez la distancia de algunas estrellas, primero la discreta 61 Cygni en 1838 por el alemán Friedrich Bessel (1784-1846), y poco después la brillante Vega. Estos resultados muestran que las estrellas más cercanas están al menos doscientas cincuenta mil veces más lejos de la Tierra que el Sol. No es de extrañar, pues, que el ínfimo desplazamiento de la Tierra fuera imposible de detectar hasta entonces. Además, semejante factor de distancia resuelve la cuestión del brillo real de las estrellas. Si multiplicamos por 10 la distancia que nos separa del Sol, el disco que cubre en el cielo disminuye 10 veces en tamaño y 100 veces en superficie. Por tanto, se recibe cien veces menos luz de él. Si multiplicamos la distancia por 1000, el brillo de la estrella disminuye por un factor de 1 000 000. Y si situamos el Sol doscientas cincuenta mil veces más lejos de lo que está, entonces reducimos su brillo en más de 60 000 millones, lo que lo convertiría en una estrella que sigue siendo fácilmente visible a simple vista pero sin ser de las más brillantes. En otras palabras, algunas de las estrellas más brillantes del cielo, desde Sirio hasta Vega pasando por Arturo, son mucho más brillantes que el Sol. Al alejar las estrellas a distancias fantásticas, Bessel no solo amplió el universo que se ofrece a nuestros ojos, sino que también grabó en mármol la banalidad estelar de nuestra propia estrella.

Pero la pregunta que nos interesa aquí es la planteada por Giordano Bruno: ¿existen *planetas* alrededor de estas estrellas? Una pregunta verdaderamente difícil, porque los planetas son difíciles de detectar. Algunas cifras nos ayudarán a comprenderlo. En términos de tamaño y distancia, la Tierra, con sus 12 700 kilómetros de diámetro, es unas cien veces más pequeña que el Sol (1 400 000 kilómetros de diámetro), y su distancia a él (150 millones de kilómetros) es de nuevo cien veces mayor que el tamaño de nuestra estrella. Si nos entretuviésemos en hacer una maqueta rudimentaria del sistema solar, utilizando para el Sol un balón de veinte centímetros de diámetro —puestos a ello, amarillo—, entonces la Tierra es una cabeza de alfiler de apenas dos milímetros de tamaño, situada a unos veinte metros del balón. Tratemos ahora de imaginar cómo sería este sistema visto desde el punto de observación estelar más cercano, la estrella Próxima Centauri. Como se indicó unas líneas antes, esta estrella se encuentra a doscientas cincuenta mil veces la distancia de la Tierra al Sol, es decir, a 5000 kilómetros en la escala de la maqueta: es desde esa distancia desde donde queremos distinguir nuestra Tierra-cabeza de alfiler, situada a veinte metros de nuestro Sol-balón de fútbol. Y la cosa es aún peor. A diferencia del Sol, la Tierra no tiene brillo propio; simplemente refleja una parte de la luz recibida de nuestra estrella. ¿Qué fracción de esa luz? Dado su pequeño tamaño, su gran distancia y algunos factores más, no refleja ni una mil-millonésima parte del brillo de nuestra estrella. Un planeta al lado de su estrella no es ni siquiera una luciérnaga frente a los focos de un estadio de fútbol que intentásemos distinguir desde un punto increíblemente lejano. Detectar un planeta mediante una imagen directa es como intentar distinguir un objeto irremediablemente ahogado en el intenso resplandor de su estrella... Saber dónde podrían estar los planetas es fácil: basta con buscar en las proximidades de las estrellas; pero distinguirlos realmente es prácticamente imposible.

Esto excluyó durante mucho tiempo toda esperanza de detectar planetas más allá del sistema solar y, sobre todo, obligó a los astrónomos a utilizar medios tortuosos para localizarlos. Para ello tuvieron que inventar métodos indirectos: en lugar de «ver» los planetas, intentaron percibir su influencia sobre su entorno, es decir, sobre la estrella central[1]. Detectar

1. Si el lector ha leído mi libro *Por qué E = mc²* (Madrid, Alianza Editorial, 2025), es posible que no se encuentre en terreno desconocido, ya que

un planeta mediante una imagen directa es difícil, porque no hay nada que sugiera que una estrella en particular albergue un planeta. ¿Cómo saber si las estrellas que se van a estudiar tienen algo que ofrecer y si ese algo, caso de existir, es posible detectarlo? Es como buscar una aguja en un pajar.

Los astrónomos idearon multitud de métodos, entre ellos el de las velocidades radiales. Cuando se dice que la Luna gira alrededor de la Tierra se comete un (ligero) abuso del lenguaje. La formulación correcta sería decir que los dos astros giran alrededor de su centro de gravedad común. En un sistema tan desequilibrado como el de la Tierra y la Luna, el centro de gravedad casi coincide con el centro del objeto más masivo: la Tierra. En realidad, la distancia entre estos dos puntos es bastante pequeña: unos 5000 kilómetros. Debido a la trayectoria de la Luna, la Tierra describe una trayectoria aproximadamente circular con un radio de unos 5000 kilómetros en unos veintisiete días y ocho horas. El movimiento de la Luna alrededor de la Tierra, que se produce a una velocidad de aproximadamente un kilómetro por segundo, va acompañado por tanto de un movimiento complementario de la propia Tierra de unos doce metros por segundo, además de su órbita anual alrededor del Sol. Como es natural, el Sol se ve afectado por el mismo fenómeno, ya que se desplaza ligeramente debido al curso de los demás planetas que lo rodean, con Júpiter a la cabeza por ser el más masivo de ellos. Júpiter inflige al Sol un desplazamiento de unos trece metros por segundo (del orden de cincuenta

esta es exactamente la idea que se utilizó para identificar los primeros agujeros negros, a través de las perturbaciones que causan a la estrella con la que forman un sistema binario.

kilómetros por hora), a lo que hay que añadir la influencia de los demás planetas, incluida la Tierra, que contribuye con una ínfima corrección de unos diez centímetros por segundo, es decir, 0,36 kilómetros por hora.

Lo que es cierto para el Sol lo es para todas las demás estrellas, siempre que tengan planetas. Tanto si estos son visibles como si no, su presencia se pondrá de manifiesto por los ligeros movimientos que provocan en la estrella de la que están cautivos. Este movimiento puede detectarse mediante un efecto que todos conocemos: el efecto Doppler. Este efecto se manifiesta por ejemplo en el hecho de que una fuente sonora, como la sirena de una ambulancia, se percibe de forma diferente según que estemos inmóviles o en movimiento con respecto a ella. El sonido será un poco más agudo cuando la ambulancia se acerca y un poco más grave cuando se aleja. El sonido y la luz son fenómenos bastante diferentes, pero tienen algo en común: son ondas, es decir, un fenómeno ondulatorio en el que algo vibra de manera progresiva: el aire en el caso del sonido o pequeños campos eléctricos y magnéticos en el de la luz. Este carácter ondulatorio basta para que la frecuencia de las vibraciones (que es la que determina la altura del sonido) se vea alterada por nuestro movimiento en relación con la fuente que lo emite. En el caso de la luz, el efecto Doppler se traduce en un cambio en el color de la fuente luminosa, aunque ese cambio suele ser demasiado pequeño para ser percibido a simple vista. Para detectarlo necesitamos un instrumento específico, el espectrógrafo —mencionado ya en el capítulo anterior—, que es lo suficientemente preciso como para detectar variaciones de velocidad de algunas decenas de metros por segundo, una posibilidad de la que nadie disponía hace treinta años.

En aquella época se ve claro que los exoplanetas, si existen, van a ser detectados tarde o temprano, lo que da lugar a una feroz competencia entre varios grupos de astrónomos, tanto en Europa, con el equipo suizo dirigido por Michel Mayor (nacido en 1942) y en el que está uno de sus alumnos, Didier Queloz (nacido en 1966), como al otro lado del Atlántico, con Geoff Marcy (nacido en 1954) y Paul Butler (nacido en 1960). Antes de 1995 saltan a los titulares varios anuncios. En 1984 se anuncia el descubrimiento de una fuente infrarroja (léase un objeto caliente) cerca de la estrella Van Biesbroeck 8, o VB 8, que bien podría ser un planeta grande. El objeto en cuestión, sobriamente bautizado VB 8 B, resulta ser un artefacto sin interés vinculado a una actividad superficial de VB 8, pero queda como uno de los primeros candidatos serios —y desafortunados— al estatus de exoplaneta. Las cosas se aceleran en 1992, cuando se anuncian sucesivamente los descubrimientos de dos prometedores sistemas exoplanetarios. El primero se refiere a la estrella HD 114762 A, cuya velocidad respecto al Sol presenta oscilaciones en torno a un valor medio. El problema es que lo que se mide de la velocidad de la estrella es solo la componente a lo largo de la línea visual, no el verdadero valor de la velocidad. Esto es exactamente lo que ocurre con el sonido: el tono de la sirena de la ambulancia es el mismo tanto si la ambulancia está parada como si está dando vueltas a nuestro alrededor, sea cual sea su velocidad. Así que el pequeño desplazamiento de HD 114762 A podría interpretarse como un planeta cuya órbita está vista de canto, o bien como un objeto más masivo, una enana marrón[2],

2. Sobre estos objetos hablaremos en el capítulo siguiente.

cuya órbita se ve desde arriba. Esta última configuración resultará ser la verdadera.

Cosa más intrigante aún, ese mismo año se descubren varios objetos alrededor del púlsar PSR B1257+12. Púlsar es el nombre con que se designan ciertos cadáveres estelares especialmente compactos, las estrellas de neutrones[3]. Por diversas razones no comprendidas del todo, las estrellas de neutrones son la fuente de una intensa emisión de ondas de radio que se produce principalmente a lo largo de su eje magnético. Al igual que ocurre con la Tierra y otros planetas, no hay ninguna razón por la que el eje magnético y el eje de rotación de una estrella deban coincidir; en otras palabras, el Norte magnético indicado por la brújula no coincide exactamente con el verdadero Norte geográfico. Y si, en el caso de los púlsares, la emisión se produce preferentemente a lo largo del eje magnético, entonces, debido a la rotación del púlsar, la señal de radio barre el cielo como el haz de un inmenso faro cósmico, en una emisión periódica que es a la vez muy rápida (porque los púlsares suelen girar sobre sí mismos en menos de un segundo) y muy regular. En este caso es el cronometraje preciso de la llegada de las señales lo que indica que el púlsar se mueve ligeramente debido a los pequeños cuerpos que giran alrededor de él. En 1992, el norteamericano Dale Frail (nacido en 1961) y el polaco Aleksander Wolszczan (nacido en 1946) anuncian la existencia de dos cuerpos y luego tres en órbita alrededor de PSR B1257+12. ¿Los primeros planetas detectados? En términos de masa, ciertamente. El más grande solo tiene cuatro veces la masa de la Tierra, mientras que el menos masivo, descubierto

3. Estos objetos los describiremos también en el capítulo siguiente.

2. La posibilidad de otros planetas

en 1994, apenas llega al 5 %. Pero ¿son realmente planetas? Antes de ser un púlsar, PSR B1257+12 era una estrella con al menos ocho veces la masa del Sol, que en el apogeo de su brillo era un objeto mucho mayor que la órbita de la Tierra. Sin embargo, ninguno de los objetos descubiertos por Frail y Wolszczan se encuentra a más de 75 millones de kilómetros del púlsar, es decir, solo la mitad de la distancia Tierra-Sol. Sea cual sea el origen exacto de estos objetos, todo apunta a que se remonta a la muerte de la estrella, no a su nacimiento. Puede que merezcan el título de planetas, pero de planetas con un modo de formación tan diferente (y diferido) en comparación con el de los planetas ordinarios (que nacen junto con su estrella) que inmediatamente se les otorga un estatus aparte, incluso un estatus único, porque treinta años después solo se han visto otros dos púlsares (de los 2000 conocidos) que estén acompañados por planetas que, en ambos casos, probablemente no estaban presentes cuando se formó la estrella.

La carrera en busca de los «verdaderos» planetas culmina finalmente en 1995: el equipo suizo formado por Michel Mayor y Didier Queloz, con observaciones realizadas en Francia, en el observatorio de Haute-Provence, descubre el primer exoplaneta alrededor de la estrella 51 Pegasi (o 51 Peg)[4]. De hecho, en aquella época, Mayor y Queloz no tienen la intención de detectar planetas. Sus esperanzas están más bien puestas en encontrar enanas marrones, esas estrellas abortadas de las que hablaré en el próximo capítulo. La razón es que las enanas marrones son más masivas que los

4. Los dos recibieron el Premio Nobel de Física en 2019 por el descubrimiento del primer exoplaneta.

planetas y, por tanto, más fáciles de detectar: a igualdad de distancia, el efecto de un planeta o de una enana marrón sobre su estrella es proporcional a su masa. Con una masa al menos trece veces superior a la de Júpiter (y hasta setenta y cinco veces mayor), es mucho más probable que las enanas marrones superen el umbral de detección. Además, la detectabilidad es tanto mayor cuanto más cerca está el astro invisible de su estrella, porque el movimiento será más rápido. Sin embargo, si nos atenemos a lo que sucede en el sistema solar, no existen planetas cerca del Sol (Mercurio está ya a más de 50 millones de kilómetros), y los planetas más masivos están muy lejos de él, en consonancia con lo que los astrónomos sabían sobre los procesos de formación planetaria: los planetas gigantes están compuestos principalmente de gas, que es sistemáticamente expulsado por la estrella, si es que no cae sobre ella. Imposible por tanto formar un planeta gigante cerca de la estrella, y poco probable encontrar uno así... solo que lo que descubren Mayor y Queloz es precisamente un objeto de masa planetaria que está sorprendentemente cerca de su estrella. Bautizado con el nombre de 51 Pegasi b según la nomenclatura utilizada a partir de entonces[5], tiene una masa de al menos la mitad de la de Júpiter, pero orbita alrededor de 51 Peg en solo cuatro días. Increíblemente próximo a su estrella, que por lo demás es bastante parecida al Sol, la superficie del planeta se encuentra a temperaturas ingentes que alcanzan probablemente los 1000 °C. En comparación con lo que

---

5. Los exoplanetas reciben el nombre de su estrella progenitora, seguido de una letra minúscula por orden alfabético a medida que se descubren los distintos planetas de un sistema, empezando por la letra «b».

sabemos del sistema solar, 51 Peg b es un auténtico ovni por la combinación de su masa y su proximidad a la estrella, hasta el punto de que llega a pensarse que podría no ser un verdadero planeta sino, una vez más, una enana marrón que había sido despojada progresivamente de su masa al estar demasiado cerca de 51 Peg. Pero el descubrimiento en los años siguientes de otros exoplanetas a la vez masivos y muy cercanos a su estrella invalida poco a poco esa tesis: 51 Peg b es realmente un planeta, pero su origen y su destino son muy diferentes de lo que observamos en el sistema solar. Una vez más, la «primicia» en un ámbito de la astronomía desemboca en una enorme sorpresa...

Pese a ser muy activo, el equipo norteamericano de Marcy y Butler pierde la delantera y tiene que conformarse con confirmar con sus propias observaciones el descubrimiento y las extrañas características de 51 Peg b. Pero lo compensa luego convirtiéndose en el mayor proveedor de exoplanetas durante varios años: de los cien primeros exoplanetas descubiertos, más de dos tercios son obra de Marcy y Butler. Upsilon Andromedae (o Upsilon And) es el primer sistema exoplanetario múltiple tras el descubrimiento de Upsilon And b en 1996 y de Upsilon And c menos de tres años después. También descubierto en 1996, 55 Cancri b es el primer planeta hallado en un sistema de dos estrellas: 55 Cancri A, alrededor de la cual el planeta gira en apretada órbita en catorce días y medio, y 55 Cancri B, una estrella de masa más modesta que gira alrededor de 55 Cancri A a una distancia mucho mayor y en varias decenas de miles de años. La diversidad de estos sistemas salta rápidamente a la vista. No se parecen en nada a nuestro sistema solar. Lo cual no es nada sorprendente, ya que las características de los planetas de nuestro sistema solar hacen prácticamente imposible detectar *alter egos* lejanos. Pero lo más fascinante es su relativa proximidad. 51 Pegasi es una estrella poco brillante y sin embargo visible a simple vista. Lo mismo ocurre con 55 Cancri y Upsilon And. Además, ninguna de estas estrellas está muy lejos de nosotros, en el sentido astronómico del término: 51 Pegasi está a 51 años luz, 55 Cancri a 41 y Upsilon And a 44. En el volumen que engloba estos cuatro astros (con el Sol), solo hay algunos cientos de sistemas estelares. ¡Y ya cuatro de ellos tienen planetas!

Los astrónomos no tardan en entrever otro método de detección de planetas extrasolares que consideran aún más prometedor. A falta de ver la luz de los planetas, van a intentar ver su sombra, o más bien su silueta. La idea general se remonta al siglo XVII, cuando los astrónomos de la época se dieron cuenta de que los dos planetas interiores del sistema solar, Mercurio y Venus, podían de vez en cuando pasar exactamente entre la Tierra y el Sol. El fenómeno podía observarse entonces en forma de un diminuto lunar que cruzaba el disco solar en pocas horas. Más allá de la curiosidad de un suceso astronómico tan raro, el astrónomo inglés Halley se dio cuenta de que la observación de este fenómeno desde varios lugares de la Tierra podía permitir determinar, por el efecto de perspectiva, la distancia entre la Tierra y el planeta observado. Fue así como, por primera vez, se estimó con una buena precisión la escala de distancias en el sistema solar, durante los dos pasos (o tránsitos, en la terminología científica) de Venus frente al Sol en 1761 y de nuevo en 1769[6]. En el caso de los planetas extrasolares, nada impide que su plano orbital sea paralelo

6. Véase *Por qué la Tierra es redonda*, Madrid, Alianza Editorial, 2025.

a la línea visual desde la que observamos la estrella. En otras palabras, es posible (pero en absoluto seguro) que podamos presenciar el tránsito de un exoplaneta por delante de su estrella y posiblemente detectarlo de esta forma. Pero ¿cómo? Durante un tránsito de Mercurio o Venus podemos distinguir fácilmente el disco solar, que queda ligeramente oculto por el diminuto disco del planeta. Cuando miramos las estrellas no vemos ningún disco estelar. Pero sí tenemos una información vital: el flujo luminoso que recibimos de ellas. Y lo importante es que cualquier objeto que se interponga entre ellas y nosotros interceptará parte de ese flujo, y siempre en las mismas proporciones, sea cual sea la distancia que nos separe del fenómeno. Aunque nunca podremos ver los detalles a través de una imagen directa, el exoplaneta es detectable cuando pase por delante de la estrella, porque durante el tránsito recibiremos menos luz de esta. El tránsito puede distinguirse entonces de una variación natural del brillo de la estrella por el hecho de que se repite sistemáticamente y a intervalos regulares.

Multitudoscopia[7]

La ventaja de este método —el de los tránsitos— es que solo requiere seguir la variación del brillo de las estrellas, lo que puede hacerse con un gran número de ellas en una sola imagen, mientras que la variación de la velocidad solo

7. En francés *fouloscopie* (de *foule*, multitud, y *-scopie*), neologismo creado por la historietista francesa Marion Montaigne y popularizado después por Mehdi Moussaïd, creador del blog y el canal de YouTube *Fouloscopie*. Es el estudio del comportamiento de las multitudes [N. del T.].

puede medirse estrella por estrella. Por otro lado, el método tiene dos desventajas. En primer lugar, la variación del brillo es siempre muy pequeña. Un planeta como Júpiter es unas diez veces más pequeño que el Sol. A igualdad de distancia, su disco cubre una superficie cien veces menor. El paso de Júpiter por delante del Sol, observado desde lejos, solo provocaría una reducción del 1 % de la luz recibida. Con la Tierra, diez veces más pequeña aún, la reducción es de solo el 0,01 %, una cantidad demasiado pequeña para ser medible en la práctica. Y por otro lado, un tránsito solo es visible si el sistema exoplanetario a detectar se observa de canto, condición *sine qua non* para que el exoplaneta pase por delante de su estrella.

Volviendo al caso del sistema solar, un observador lejano solo está correctamente posicionado para observar la Tierra transitando por delante del Sol en menos del 1 % de los casos, cifra que desciende a menos del 0,2 % para Júpiter... Pero incluso en el 0,2 % de casos favorables, un gemelo de Júpiter orbitando alrededor de un gemelo del Sol no será detectable por nosotros, los humanos, esta vez por una cuestión de tiempo. Un solo tránsito no es suficiente: necesitamos detectar la periodicidad de su ocurrencia y por tanto detectar al menos tres tránsitos consecutivos y comprobar que están igualmente espaciados, lo que, dadas las características orbitales de Júpiter, requeriría al menos veintidós años de observación. Al igual que con el método de las velocidades radiales, el tiempo juega en contra de los astrónomos, y los sistemas de gran extensión son indetectables. La posibilidad de detectar un *alter ego* del sistema solar queda por tanto descartada, y no será posible hasta dentro de décadas (para Júpiter o Saturno) o incluso siglos (para Urano y Neptuno), el tiempo necesario para que las observaciones detecten varios tránsitos de cada uno de estos planetas. Por el momento, el método del tránsito es muy eficaz, pero solo para sistemas planetarios mucho más compactos, de los cuales es un ejemplo extremo el llamado TRAPPIST-1, que comprende siete planetas, todos dentro de una región mucho más pequeña que la órbita de Mercurio y todos orbitando alrededor de su estrella (que es mucho más pequeña y mucho menos luminosa que el Sol) en menos de tres semanas.

A pesar de sus deficiencias, el método de los tránsitos sigue siendo hoy el más eficaz. Gracias sobre todo a la misión norteamericana *Kepler*, lanzada en 2009, se han descubierto con este método más de 2700 planetas, a los que se sumarán quizás otros 2000 candidatos pendientes de confirmación (o infirmación) por los telescopios terrestres. ¿El secreto de tanta eficacia? Durante nueve años, el satélite apuntó continuamente sus instrumentos hacia una región del cielo especialmente rica en estrellas, y vigiló constantemente más de 500 000 de ellas para detectar cualquier variación de luminosidad, a veces debida a tránsitos de exoplanetas. Y aunque la probabilidad de detección es baja, el número de estrellas rastreadas es lo suficientemente grande como para que se detecten miles de exoplanetas. Además, nada prohíbe la sinergia de las dos técnicas descritas anteriormente. Un planeta puede detectarse tanto por el método de las velocidades radiales como por el de los tránsitos, lo que abre perspectivas especialmente interesantes. Con el método de las velocidades radiales lo que se determina es la masa del planeta. Mejor dicho, es la relación entre la masa del planeta y la de la estrella, pero el estudio de la luz de la estrella nos permite acceder, mediante sofisticados modelos de física estelar, a todos los parámetros de la estrella en particular a su masa. Así, midiendo la relación de masas podemos obtener la masa del planeta. Por su parte, el método de los tránsitos nos indica en cuánto se atenúa la luz de la estrella, lo que nos da acceso a la relación de tamaños entre la estrella y el planeta, así como al radio del planeta si también hemos determinado el radio de la estrella. La combinación de ambos métodos nos da la masa y el radio del planeta y por tanto su densidad. Si la densidad es alta, se trata de un planeta rocoso, como la Tierra, y si es baja, de un planeta gaseoso, como Júpiter. Aunque nunca se haya «visto» explícitamente el planeta, sabemos en parte de qué está compuesto.

Como cualquier técnica de detección, el método de las velocidades radiales adolece de un sesgo: algunos tipos de planetas son más fáciles de detectar que otros. Son sobre todo los planetas grandes los que son detectables, y especialmente los que están cerca de su estrella. Volviendo a nuestro sistema solar, nos damos cuenta, una vez más, de que este, o su gemelo distante, sería indetectable: los planetas que contiene son demasiado pequeños cuando están a la distancia adecuada, y demasiado lejanos cuando tienen el tamaño adecuado. Lo mismo vale para el método de las velocidades radiales. Para detectar planetas más pequeños, o un homólogo del sistema solar, necesitamos utilizar otro método radicalmente distinto, conocido como el de las microlentes gravitatorias.

Las leyes de la gravitación establecidas por Isaac Newton en 1687 afirman que los objetos se atraen debido a su masa. Poco más de dos siglos después, Albert Einstein (1879-1955) corrige esta afirmación. Según la famosa ecuación $E = mc^2$, que relaciona la masa (la m de la ecuación) con la energía (la E), no son las masas las que se atraen, sino las energías.

Y por consiguiente, el ilustre científico comprende que entidades sin masa pero dotadas de energía pueden ser sensibles a la fuerza de la gravedad. Este es, en particular, el caso de los fotones, los constituyentes de la luz. Así pues, la materia atrae la luz, desde luego débilmente, pero lo suficiente como para desviar ligeramente su trayectoria. La masa de una estrella puede desviar la luz de otra situada detrás. Si la Tierra está idealmente alineada con las dos estrellas, entonces los cálculos nos dicen que la estrella deflectora en primer plano puede enfocar la luz de la estrella de fondo, amplificándola brevemente durante los pocos días o semanas en que la alineación entre los tres astros es suficientemente buena. Una vez más, las imágenes directas no sirven de nada en este caso: la desviación de la luz tiene lugar sobre una zona tan pequeña que queda contenida básicamente en un único píxel del detector. Los astrónomos siguen la evolución de la luminosidad del fenómeno, es decir, su curva de luz, en la jerga científica. Lo interesante es que si la estrella deflectora está acompañada de un planeta, y si el planeta está en el lugar «correcto», entonces el efecto combinado de la estrella y el planeta, cada uno desviando la luz de la estrella de fondo, producirá una curva de luz diferente de la obtenida en ausencia del planeta. Y lo que es aún más notable, en ciertas ocasiones la nueva curva de luz puede proporcionar información sobre el planeta, concretamente sobre su masa, y la ventaja de esta técnica es que el planeta ya no tiene que ser masivo para ser detectado. Un objeto de masa terrestre e incluso mucho menor será delatado por el fugaz cambio de brillo del astro de fondo, cambio que el planeta provoca cuando, en el sentido más literal de la palabra, los astros están alineados.

Anónimo y único a la vez

Esta técnica de detección se conoce como «método de las microlentes». «Lentes», porque el fenómeno general de enfoque de la luz amplifica el brillo de la estrella de fondo, exactamente como lo hace una lente óptica, y «micro» porque la amplificación tiene lugar en una zona extremadamente pequeña del cielo, cuyos detalles no pueden distinguirse. Su desventaja es la rareza del fenómeno. La probabilidad de que una estrella dada esté perfectamente alineada con otra de fondo es apenas de uno entre un millón, a pesar de que hay cientos de miles de millones de ellas en nuestra galaxia[8]. Pero el método tiene una ventaja incomparable: es mucho menos discriminatorio que las otras dos técnicas y por tanto permite estimar mejor el número de exoplanetas existentes.

A partir de ahí, la escasa masa de un planeta ya no es un obstáculo, o no es un obstáculo tan grande, para su detección. Por tanto, es posible detectar planetas de masa terrestre sin demasiados problemas. Aunque sigue habiendo sesgos y aunque no es posible acceder a toda la información sobre el planeta en cuestión, se dispone de un medio para detectar objetos que con otros métodos pasarían absolutamente inadvertidos. Digamos que el abanico de posibilidades es más amplio, que los tipos y características de los planetas detectables son más numerosos y que la población potencialmente asequible también es mayor. Y como siempre es posible evaluar qué proporción de los sistemas potencialmente detectables dejarán de detectarse, la detección de unos cuantos ejemplares es

---

8. Nuestra galaxia, aquella en la que se encuentra el Sol, se llama la Vía Láctea o simplemente la galaxia.

suficiente para enriquecer la población de planetas invisibles. Finalmente se llega a la vertiginosa conclusión siguiente, sobre la que planea el fantasma de Giordano Bruno: *existen al menos tantos planetas como estrellas en nuestra galaxia*. «Al menos tantos», porque hay configuraciones planetarias que permanecen inaccesibles, sea cual sea la técnica utilizada. Pero incluso si los casos que permanecen inaccesibles fueran minoritarios por incluir pocos planetas, este «al menos tantos» no deja de ser exorbitante. Si en nuestra galaxia hay entre 200 000 y 300 000 millones de estrellas —la cifra no es tan fácil de establecer—, también hay al menos 200 000 o 300 000 millones de planetas.

Los autores del estudio que estableció este resultado son aún más optimistas: «Concluimos que las estrellas alrededor de las cuales orbitan planetas son la regla, no la excepción», afirman en 2012. Con cientos de miles de millones de estrellas, hay cientos de miles de millones de planetas... y eso solamente en nuestra galaxia. Y como nuestra galaxia no tiene ninguna particularidad notable, podemos suponer que este resultado es extensible a todas las galaxias del universo actual, que se cuentan por decenas o incluso centenas de miles de millones. Esto equivale a unos diez mil trillones de estrellas —10 000 000 000 000 000 000 000 si se prefiere—, y si aceptamos hacer una extrapolación que nada parece impedir, eso significa otros tantos planetas...

En tales condiciones, ¿dónde y cómo debemos clasificar nuestro sistema solar? Desde luego no es único en materia de entidad. Es evidente que la formación de planetas es un fenómeno tremendamente común desde hace miles de millones de años. Tal vez sea incluso inevitable. Pero las características de los exoplanetas son tan diversas que sabemos con seguridad que la evolución y quizá la génesis de los sistemas planetarios son muy diversas. El sistema solar representa una posible evolución de un fenómeno genérico que sufrió bifurcaciones más o menos improbables antes de llegar al estado en que lo observamos.

3. Antes del comienzo

Los astrónomos suelen datar el acta de nacimiento de la Tierra y del resto del sistema solar hace 4568 millones de años. Más adelante veremos cómo se determina esta cifra y las reservas que ha suscitado. De momento, contentémonos con recordar que fue en ese momento cuando la nube de gas que iba a convertirse en el Sol comenzó a contraerse y a «encenderse», aunque este término es, como veremos, algo engañoso. También es en ese momento cuando comienza a condensarse la materia que dará lugar a los planetas. Pero ¿es realmente ahí donde comenzaron las cosas? Para formar una estrella como el Sol, y sobre todo planetas como los del sistema solar, la materia que los va a constituir debe existir de antemano. La observación puede parecer trivial, pero no lo es. Un objeto como el sistema solar no podría haberse formado de forma idéntica nueve mil millones de años antes de su nacimiento. ¿Por qué? Porque la materia disponible en el universo en aquel momento no era la misma. Había ciertamente la misma cantidad, pero con mucha menos diversidad. En este sentido, la formación del Sol y del sistema solar en su conjunto comenzó mucho antes de su nacimiento oficial. Se desarrolló a lo largo de miles de millones de años y en toda la Vía Láctea, por lo que es en este lugar difuso y distante donde reside el limbo de nuestros orígenes. En cuanto al origen de la materia, la pregunta quedó durante mucho tiempo sin respuesta: ¿cómo hablar de ella si no se sabía nada sobre su naturaleza? Hubo que esperar hasta principios del siglo XX para aclarar definitivamente la cuestión.

La materia está formada por átomos, como propusieron ya en la Antigüedad filósofos como Demócrito (460-370 a.C.). Una intuición notable... pero que se convirtió en un freno para su aceptación, debido a que justamente su antigüedad le daba un aire en apariencia obsoleto, incluso ingenuo. Abandonada durante mucho tiempo, la hipótesis atomista es retomada gradualmente por los químicos a lo largo del siglo XIX, en particular por el inglés John Dalton (1766-1844). La realidad de los átomos se va imponiendo poco a poco; las dos etapas decisivas corren a cargo de Albert Einstein y Jean Perrin (1870-1942) entre 1905 y 1910[1], al tiempo que se logra la clasificación de los átomos con arreglo a su masa o a sus propiedades químicas, culminación de una gran aventura científica que se desarrolló a lo largo de todo el siglo XIX y cuyo principal artífice fue el ruso Dimitri Mendeléiev (1834-1907). A él se debe la tabla periódica de los elementos, también conocida como tabla de Mendeléiev en su honor. En ella los distintos átomos —o elementos— están clasificados por orden creciente de masa, agrupando en columnas los elementos con propiedades químicas parecidas.

---

1. Véase A. Riazuelo, *Por qué E = mc²*, Madrid, Alianza Editorial, 2025.

Hacia lo infinitamente pequeño

Los átomos tienen un tamaño de algunas diezmillonésimas de milímetro. Por supuesto, son invisibles a simple vista e incluso al microscopio, razón por la cual su realidad fue durante tanto tiempo discutida. Etimológicamente, la palabra «átomo» significa «que no se puede cortar», «indivisible», es decir, algo que no puede romperse. Pero ahora sabemos que los átomos están formados por tres entidades: los protones, los neutrones y los electrones. Protones y neutrones se hallan en número aproximadamente igual en la pequeña parte central del átomo, llamada núcleo. Alrededor de él se encuentran los electrones. Los átomos suelen representarse como sistemas solares en miniatura en los que los electrones giran alrededor del núcleo como si fuesen planetas. La realidad es más sutil, pero sí es cierto que los electrones no pueden considerarse estáticos. Forman una especie de nube mucho más extensa que el núcleo. Comparada con la masa de los neutrones y de los protones, la de los electrones es muy pequeña. Simplificando, cabe decir que la masa está concentrada en el núcleo, mientras que el volumen es barrido por los electrones.

Los protones y los electrones tienen lo que se conoce como carga eléctrica, lo que significa que son sensibles a los campos eléctricos y magnéticos. Todos los protones tienen la misma carga positiva, opuesta a la de los electrones. Dos cargas del mismo signo se repelen, razón por la cual dos átomos no pueden interpenetrarse fácilmente: sus respectivas nubes de electrones se repelen. En cambio, la atracción ejercida por los protones del núcleo sobre los electrones mantiene a estos últimos cautivos, sin permitirles no obstante que se fusionen con el núcleo (lo que no es en absoluto evidente, pero exigiría demasiado espacio explicarlo). En cuanto a los protones del núcleo, tienden a repelerse debido a su carga eléctrica, pero también son atraídos por los demás protones y por los neutrones gracias a otra fuerza que por diversas razones históricas se conoce como fuerza nuclear fuerte. Esta fuerza es lo suficientemente intensa como para superar la repulsión debida a la carga eléctrica, lo que explica que los núcleos sean muy sólidos. En la inmensa mayoría de las situaciones de la vida corriente pueden incluso considerarse indestructibles, de acuerdo con la intuición de Demócrito y luego la de los químicos hasta finales del siglo XIX. La disposición de los electrones alrededor del núcleo no es aleatoria. Están organizados en capas concéntricas, cada una de las cuales solo puede tener un número determinado de ellos: dos para la capa más profunda, ocho para las dos siguientes, dieciocho para las dos siguientes, y así sucesivamente. Además, un átomo tiene tantos electrones como protones hay en el núcleo. El carné de identidad de un átomo es la configuración de sus electrones, o de manera equivalente, su número de protones. El átomo que contiene un protón es el hidrógeno, después viene el helio con dos protones, luego el litio, el berilio, el boro, el carbono... hasta el uranio, con noventa y dos protones.

Genealogía de la materia

Mucho antes de que se dilucidara su naturaleza, algunos átomos eran ya conocidos en la Antigüedad, e incluso en la prehistoria. Es el caso de metales como el hierro, el oro, el cobre y la plata, que se encuentran en estado nativo en el suelo. La mayoría de los demás elementos químicos eran desconocidos, porque casi siempre están combinados con otros átomos para formar moléculas en las que nada indica que sean objetos compuestos. Distinguir lo «elemental» de lo «compuesto» era extremadamente difícil y ocupó a no pocos químicos durante los siglos XVIII, XIX y XX.

Hay átomos cuyos nombres los conoce todo el mundo (carbono, oxígeno, nitrógeno, etc.), mientras que otros como el tántalo (73 protones) o el samario (62 protones) son mucho menos o nada conocidos. Esto último se debe a su rareza y al hecho de que muchos de ellos no intervienen apenas en la vida cotidiana, por no ser utilizados en el mundo de lo viviente o por no tener ningún uso industrial. Sin embargo, todos los nombres tienen su historia y a menudo llevan una discreta huella de las circunstancias en las que fueron descubiertos los elementos correspondientes. No sorprenderá que el lutecio (71 protones) fuera descubierto por un francés, parisino de nacimiento, Georges Urbain (1872-1938), ni que el germanio (32 protones) fuera aislado por un alemán, Clemens Winkler (1838-1904). El polonio y el francio (84 y 87 protones respectivamente) hay que ponerlos en el haber del matrimonio Curie: Marie Curie (1867-1934), polaca de nacimiento, se nacionalizó francesa al contraer matrimonio con Pierre Curie (1859-1906). Pero si hablamos de notoriedad quimiogeográfica, nada es comparable con la pequeña ciudad sueca de Ytterby. Fue de una cantera de este municipio de donde se extrajo un mineral llamado monacita en el cual el químico finlandés Johan Gadolin (1760-1852) identificó en 1789 un nuevo elemento (que resultó tener 39 protones), al que bautizó, bastante lógicamente, con el nombre de itrio. Más tarde, en 1843, se descubre que este compuesto contiene en realidad otros dos elementos, también bautizados con variaciones del nombre de la ciudad: el terbio y el erbio, con 65 y 68 protones respectivamente. En 1878 se descubre un cuarto elemento, esta vez el iterbio (70 protones). En ese momento se ve que lo que se creía que era erbio puro estaba en realidad amalgamado con otros dos elementos, que se denominaron holmio (67 protones), en honor de la capital sueca, Estocolmo, situada a unos treinta kilómetros de Ytterby, y tulio (69 protones), derivado del nombre latino de Escandinavia (Thule). Al mismo tiempo se descubre que el iterbio contiene un compuesto adicional, el escandio, con 21 protones.

Hoy día la tabla periódica construida en gran parte por Mendeléiev y completada por sus sucesores está llena: los elementos que contiene son las únicas combinaciones posibles de protones y neutrones, y por tanto no hay elementos desconocidos en la Tierra que justifiquen gastar fortunas explorando o colonizando mundos lejanos para extraerlos (lo que en cualquier caso es imposible). Así que jamás existirá el turbinio marciano de la película *Desafío total*, ni tampoco el duranio de *Star Trek*. Los materiales de naturaleza desconocida de que está compuesto el celebérrimo monolito de *2001: Odisea en el espacio* o los «heptápodos» del más confidencial *La llegada* solo existirán en las obras de ficción, igual que el mithril de *El Señor de los Anillos* o el feminio de los brazaletes indestructibles de la superheroína Wonder Woman. Los autores de obras de ficción son los primeros en ser conscientes de las trampas a las que a menudo recurren para invocar tal o cual material desconocido que desempeña un papel decisivo en sus historias. En un evidente gesto de autoparodia, el material que justifica la explotación minera

de la luna Pandora en las películas de *Avatar* se llama unob-
tainio, latinización de la palabra inglesa «*unobtainable*», que
significa «imposible de obtener».

Fusión y fisión

La tabla de Mendeléiev es sin duda la obra más notable de
los químicos, pero no aborda la cuestión del origen de los
distintos elementos. Esa cuestión se resolverá al encontrar la
respuesta a otra gran pregunta: ¿de dónde procede la fuente
de energía del Sol? Su intensa radiación y la evidencia de procesos geológicos extremadamente largos en la Tierra indican
que el Sol posee una fuente de energía poderosa y sobre todo
increíblemente duradera, algo que las leyes de la física conocidas en el siglo XIX eran incapaces de explicar, hasta el punto
de que físicos y geólogos estaban en profundo desacuerdo
sobre el tema. «El Sol no puede brillar desde hace más de
cien millones de años», afirmaban aquellos, basándose en
los conocimientos de las leyes físicas de la época, a lo que los
geólogos replicaban que la Tierra tenía necesariamente que tener varios cientos de millones de años de edad, basándose en
medidas muy... a ras de tierra, pero difíciles de cuestionar. La
paradoja se resolvió con el descubrimiento de la radiactividad
a finales del siglo XIX y, poco después, con la famosa ecuación
de Albert Einstein $E = mc^2$. Se impone entonces el hecho de
que, dependiendo de la situación, los átomos pueden liberar
cantidades considerables de energía fusionándose unos con
otros o por el contrario partiéndose, un proceso que en ambos
casos produce energía suficiente para permitir que el Sol brille
durante cientos y cientos de millones de años.

Pero esto no resuelve la cuestión del origen. La materia se transforma en el Sol, pero evidentemente existía ya antes que él. ¿De dónde podrían haber salido los átomos de los que estaba compuesto el Sol al nacer, la Tierra, la Luna y los demás planetas? Los físicos comprendieron que para liberar la energía de los átomos se necesitan densidades y temperaturas muy elevadas. A partir de los años treinta y cuarenta del siglo XX, dos lugares se imponen en ese sentido de manera natural: las estrellas, y en particular las que existieron antes de nacer el Sol, o si no el universo en su primera juventud, que los científicos sospechan ya, y con razón, que estaba muy caliente. Quien dice dos lugares dice también dos escuelas de pensamiento: algunos astrónomos piensan que son las estrellas las que hicieron todo el trabajo, transformando sin descanso la materia desde el principio de los tiempos, mientras que otros opinan que todo ocurrió desde el nacimiento del universo y que las estrellas hicieron solo una contribución menor al edificio. En el transcurso de los años cincuenta el debate se convierte rápidamente en una guerra de egos, como suele ocurrir en un asunto tan cargado de símbolos como la cuestión de los orígenes. El jefe de filas del origen estelar de los átomos es el inglés Fred Hoyle (1915-2001), uno de los principales arquitectos de la síntesis de los elementos en las estrellas masivas. Frente a él está el teórico norteamericano de origen ruso George Gamow (1904-1968). El debate entre ambos va más allá de esta cuestión. A Hoyle le disgusta la idea de que el universo surgiera de un evento fundacional, el Big Bang. Prefiere la idea de un universo que no evoluciona a largo plazo, en el que se crea constantemente materia para compensar su dilución como consecuencia de la expansión del universo, descubierta a finales de los años veinte por los norteamericanos Edwin Hubble (1889-1953) y Milton Humason (1891-1972). Cruel ironía, es el propio Hoyle quien, en una emisión radiofónica, acuña el nombre de Big Bang para describir despectivamente la idea. El mote se convierte en un golpe genial involuntario y, sobre todo, en un espaldarazo para el bando contrario, ya que el éxito inmediato de esa expresión contribuye enormemente a la difusión de la idea de que el universo es el resultado de un suceso original que recuerda un poco a la creación bíblica.

En este debate, la ciencia ofrece finalmente un veredicto digno de un juicio salomónico. Sí, efectivamente, los átomos se forman en los primeros instantes del universo. En los minutos que siguen al Big Bang se producen muchas más reacciones nucleares que las que se producirán en los 13 800 millones de años siguientes. Pero no, ese no es el final de la historia. Porque aunque la velocidad de las reacciones es increíblemente grande, el número de reacciones diferentes es muy pequeño, igual que el de formas de materia creadas. Para la diversidad va a hacer falta tiempo, el tiempo que proporcionan las estrellas.

El horno inicial

El universo tal como lo conocemos surgió de una fase caliente y densa, el famoso Big Bang. No sabemos si esta época es su verdadera acta de nacimiento o una transición desde un estado anterior, pero eso no importa aquí. Lo que nos interesa es que la temperatura y la densidad que reinan en aquel momento son increíblemente superiores a todo lo que vendría después. Sabemos con certeza que el termómetro subió, como mínimo, hasta los cien mil billones de grados (un 1 seguido de diecisiete ceros) y todo apunta a que alcanzó valores mucho más altos. En tales condiciones, la materia tal como la conocemos —átomos formados por protones, neutrones y electrones— no existe.

A nivel microscópico, el mundo no está inmóvil. En un gas, las moléculas o los átomos que lo componen se mueven y chocan sin cesar. La intensidad de estos movimientos está ligada a un concepto que todos conocemos: la temperatura. Cuanto mayor es la temperatura, mayor es la agitación de los átomos. Por eso las moléculas son relativamente frágiles. A partir de cierto nivel de agitación térmica, acaban por romperse. No todas las moléculas son iguales en ese sentido; algunas son mucho más robustas que otras. Las moléculas de los organismos vivos son muy complejas, y la mayoría de ellas se rompen mucho antes de que la temperatura alcance los 100 ºC. Por eso las especies vivientes solo pueden existir en un intervalo muy limitado de temperaturas. Otras moléculas más rudimentarias, como el agua o el dióxido de carbono, pueden soportar temperaturas de varios cientos de grados. La más resistente de todas parece ser el dióxido de titanio (TiO_2), que sobrevive a más de 3000 °C. Pero más allá de eso, no hay salvación: los átomos están condenados al celibato... al menos mientras existan, porque a medida que aumenta la temperatura, los propios átomos y sus constituyentes se vuelven cada vez más frágiles. A temperaturas de miles de grados, los choques a los que se ven sometidos los átomos son suficientes para despojarlos de uno o varios electrones; cuando hay un déficit o un exceso de electrones alrededor del núcleo se habla de «iones». A altas temperaturas, la

materia es por tanto una mezcla de iones cargados positiva-
mente (porque contienen más protones que electrones) y
electrones libres, lo que los físicos llaman un plasma. Como
ocurre con las moléculas, no todos los átomos son iguales
en esta situación. A 10 000 °C, el hidrógeno y el helio conservan celosamente su(s) electrón(es), mientras que otros
átomos empiezan a perder algunos de los suyos. Aumentemos luego la temperatura por un factor de 1000, superando
alegremente el millón de grados. Faltan ahora todos los
electrones más exteriores de los átomos; solo los núcleos más
pesados conservan algunos, los de las capas más internas.
Un buen golpe de calor más tarde, suficiente para alcanzar
los mil millones de grados, prosigue el despojamiento de los
átomos, pero aparece ahora un nuevo efecto: los núcleos atómicos, hasta ahora indestructibles, no resisten ya los choques
y pueden romperse o fusionarse entre ellos. A temperaturas
aún más elevadas, como las que reinaban en la época del
Big Bang, los átomos simplemente no existen. Se reducen
a un puré de protones, neutrones y electrones; a temperaturas aún más elevadas, los dos primeros se descomponen
eventualmente en entidades aún más elementales, los cuarks.
Para lo que aquí nos interesa, vamos a partir de la época en
que los constituyentes de los átomos ya existían pero no se
habían unido aún entre sí, para explicar cómo el universo
se fue estructurando progresivamente a escala microscópica.

El Big Bang es una época durante la cual el universo está
en muy rápida expansión, por lo que la densidad desciende
rápidamente y también la temperatura, porque cuando se
expande un gas disminuye su temperatura (es el principio
de funcionamiento de un frigorífico o de un aparato de
aire acondicionado). Cualquiera que fuese la temperatura

máxima que reinó en el universo, este no necesitó ni una milésima de segundo para enfriarse hasta 100 billones de grados. Apenas un segundo después, la temperatura bajó hasta 10 000 millones de grados. Es ahí donde comienza la saga de la materia tal y como la conocemos. No se sabe exactamente de qué estaba compuesto el universo en sus primeros instantes, pero a partir de una fracción de segundo todo lo que queda son protones, neutrones y electrones, así como una intensa radiación, partículas evanescentes llamadas neutrinos y algunas otras partículas que no desempeñarán ningún papel aquí. Mientras la temperatura es superior a 10 000 millones de grados, no ocurre gran cosa para lo que aquí nos interesa. Si un protón colisiona con un electrón, puede transformarse en un neutrón y un neutrino, pero también es posible la reacción inversa: un neutrón puede reaccionar con un neutrino para formar un protón y un electrón.

$E = mc^2$

Al principio, neutrones y protones existen en igual número; las reacciones de transformación de uno en otro se producen a idéntico ritmo. Pero con el paso del tiempo una de las reacciones se produce con una frecuencia un poco menor que la otra: es más fácil transformar un neutrón en un protón que a la inversa. La razón de esta ruptura de equilibrio se encuentra en la ecuación más famosa de toda la ciencia, $E = mc^2$, de la que he hablado extensamente en otro libro[2]. Desempeña un papel central en todo lo que sigue, por lo que merece un

2. *Por qué $E = mc^2$*, Madrid, Alianza Editorial, 2025.

breve inciso. Nos dice que la masa —la m de la ecuación— es una forma de energía —la E— y que, en determinadas condiciones, es posible transformar la masa en otra forma de energía y viceversa, según una ley de estricta proporcionalidad. Esta ecuación encuentra una aplicación aquí. En la reacción en la que un protón se fusiona con un electrón para formar un neutrón y un neutrino, la masa de los reactantes (el protón y el electrón) es ligeramente inferior a la de los productos (el neutrón y el neutrino), aproximadamente en un 0,15 %. Esto significa que la reacción es posible, pero al precio de una pérdida de energía que compense el aumento de masa de los constituyentes. Esta pérdida adopta generalmente la forma de una reducción de la velocidad de los componentes: el protón y el electrón deben colisionar a una velocidad suficientemente grande para proporcionar la energía necesaria. Sin embargo, a medida que desciende la temperatura, la velocidad media de las partículas disminuye y cada vez es más raro que un protón y un electrón tengan una velocidad relativa suficiente para formar un neutrón. Por el contrario, un neutrón y un neutrino de baja energía siempre pueden reaccionar para formar un protón y un electrón. Este desequilibrio progresivo hace que un segundo después del Big Bang solo quede un neutrón por cada seis protones, una situación que irá empeorando paulatinamente. Además de no poder producirse por la colisión de protones y electrones, el neutrón es también una partícula inestable. Un neutrón aislado se desintegra espontáneamente, en un cuarto de hora por término medio, en un protón, un electrón y otra partícula llamada antineutrino. ¿Qué es un antineutrino? La física de partículas nos dice que a cada partícula de materia se le puede asociar un *alter ego* formado por antimateria. Existen antiprotones, antielectrones y antineutrinos. La principal característica de la antimateria es su incapacidad para coexistir con la materia: dos partículas opuestas se aniquilan mutuamente al encontrarse, emitiendo luz, siempre y cuando, claro está, la probabilidad de encuentro sea alta. Un antineutrino producido durante la desintegración de un neutrón tiene muy pocas probabilidades de interaccionar con nada debido al carácter sumamente evanescente de los neutrinos y antineutrinos; pero si se forman antielectrones, se aniquilarán sin duda con electrones, como veremos dentro de algunas páginas.

Volvamos al Big Bang. Si el universo quiere fabricar átomos, no tiene más remedio que darse prisa. Los núcleos atómicos solo pueden existir si los protones van acompañados de neutrones, en un número que no sea ni demasiado pequeño ni demasiado grande; de lo contrario, el núcleo será inestable, como lo es un neutrón aislado. A excepción del núcleo de hidrógeno, que puede no tener ningún neutrón, todos los demás sí los tienen. Sin neutrones, no habrá nada más que hidrógeno.

La nucleosíntesis primordial

En el mundo de los núcleos atómicos no existen diprotones (núcleos compuestos exclusivamente por dos protones) ni dineutrones (dos neutrones). Para fabricar algo hay que empezar por unir un protón con un neutrón. El resultado es una forma de hidrógeno (ya que hay un protón) que tiene derecho a un nombre específico: deuterio. El deuterio es bastante frágil y se destruye rápidamente cuando la temperatura es alta, razón por la cual las cosas no se ponen en marcha hasta que la temperatura desciende lo suficiente. Una vez formado, el deuterio choca inevitablemente con otras partículas. Si choca con un protón, los dos se fusionan para formar un núcleo con dos protones y un neutrón. En ese caso se habla de helio-3: «helio» para decir que hay dos protones, y «3» para decir que hay tres partículas en total, contando el neutrón. Retengamos esa lógica, porque es una notación que vamos a utilizar mucho en el presente capítulo. Los núcleos de deuterio son tan frágiles que, al chocar dos de ellos, uno se rompe indefectiblemente y el otro absorbe uno solo de sus componentes. Si es el protón, se forma de nuevo helio-3, y si es el neutrón, se crea una nueva forma de núcleo de hidrógeno, esta vez con dos neutrones. Podemos hablar de hidrógeno-3, pero, al igual que el deuterio, este núcleo es uno de los pocos que tiene nombre propio: tritio.

Las reacciones nucleares susceptibles de producirse en el universo primordial son como un laberinto: la mayoría de las calles no tienen salida y algunas pocas de ellas parecen converger hacia una única salida. Un núcleo de helio-3 no puede reaccionar con un protón porque el núcleo resultante, el litio-4, es inestable por falta de neutrones. Este es el primer callejón sin salida. Lo mismo ocurre con el tritio si encuentra un neutrón: el hidrógeno-4 resultante no es estable. Segundo callejón sin salida. En cambio, el helio-3 puede enriquecerse con un neutrón para formar helio-4. Primera salida. El tritio puede reaccionar con un protón para formar un núcleo de helio-4. Segunda salida. Y el helio-3 puede chocar con el deuterio para formar litio-5 (tres protones y dos neutrones), que es tan inestable que se desintegra inmediatamente en un núcleo de helio-4 y un protón. Otra salida, idéntica a las otras dos: el universo produce helio-4 sin dificultad, a través de varias vías.

En los años cuarenta, muchos astrofísicos, encabezados por Gamow, piensan que todos los núcleos atómicos pueden sintetizarse durante el Big Bang, pero la física nuclear les quita la razón. Porque una vez formado el helio-4 no hay mucho que se pueda hacer con él. La culpa la tiene una peculiaridad de la física nuclear: no existen núcleos atómicos estables formados por cinco u ocho partículas. Por tanto, es imposible que un núcleo de helio-4 reaccione con otro núcleo de helio-4: el núcleo resultante, el berilio-8, no es estable y se rompe nada más formarse. Tampoco hay suerte si el helio-4 intenta reaccionar con un protón o un neutrón aislado: ni el litio-5 (3 protones y 2 neutrones) ni el helio-5 (2 protones y 3 neutrones) son estables. Por supuesto, el helio-4 puede reaccionar con el tritio o con el helio-3 para formar litio-7 o berilio-7 respectivamente, pero el vals no dura mucho tiempo. El berilio-7 acaba colisionando con un neutrón para formar litio-7 emitiendo un protón. El litio-7 reacciona con la misma eficacia con un protón para absorberlo... e inmediatamente escindirse en dos núcleos de helio-4: vuelta a la casilla de partida. En el Big Bang, la versión astronómica del famoso dicho de que todos los caminos conducen a Roma afirma que todas las reacciones producen helio-4. Al cabo de un cuarto de hora, la suerte está echada: casi todos los neutrones disponibles han reaccionado y han contribuido a formar helio-4, además de algunas trazas minúsculas de deuterio, helio-3 y litio-7, así como neutrones supervivientes, tritio y berilio-7. Los tres últimos están de prestado: con una esperanza de vida media de un cuarto de hora, los neutrones tienen los minutos contados. En unas horas como máximo habrán desaparecido hasta los más recalcitrantes. Les seguirán, en los meses y años siguientes, las trazas de berilio-7, que en realidad es inestable, con una esperanza de vida media de cincuenta y tres días. Años más tarde, el tritio inestable se desintegrará en una media de doce años y cuatro meses. Uno de sus neutrones se convertirá en un protón, transformando el núcleo en helio-3 y emitiendo un electrón y un antineutrino.

Al final, los primeros minutos del universo ofrecen una extraña paradoja: se produce un número asombroso de reacciones nucleares, pero para no generar ninguna diversidad: casi exclusivamente helio-4. De hecho es bastante fácil calcular en qué cantidad. En el momento de comenzar las reacciones hay ya solo un neutrón por cada seis protones. La duración de las reacciones hace que algunos neutrones se desintegren espontáneamente, de modo que hay un neutrón por cada siete protones, o lo que es lo mismo, dos neutrones por cada catorce protones. Si todos los neutrones acaban dentro de núcleos de helio-4, esto significa que, partiendo de estos dos neutrones y catorce protones, terminamos con un núcleo de helio-4 por cada doce protones, o doce átomos de hidrógeno. Como los neutrones y los protones tienen masas casi idénticas, un núcleo de helio-4 tiene una masa igual a la de unos cuatro protones, por lo que el universo ha formado, en masa, un 25 % de helio y un 75 % de hidrógeno. Todo lo demás existe únicamente en forma de trazas: no hay ni siquiera un núcleo de deuterio por cada 10 000 protones, y el helio-3 es aún tres veces menos abundante. En cuanto al litio-7, no se encuentra ni siquiera un núcleo por cada diez mil millones de protones...

Para fabricar algo distinto de hidrógeno o helio, el universo necesita calor y sobre todo tiempo. Durante el Big Bang, el enfriamiento fue tan rápido que las raras reacciones que habrían permitido ir más allá del helio no tuvieron tiempo de producirse. Tras esta fase, llamada la nucleosíntesis primordial, el universo tiene por delante la eternidad. Pero ahora está muy frío. Es imposible producir nuevas reacciones sin alguna manera de iniciarlas. El universo, sin embargo, tiene recursos: va a inventar las estrellas.

Las estrellas toman el relevo

George Gamow y Fred Hoyle no son los únicos defensores del Big Bang, en el caso del primero, y de las estrellas, en el del segundo, como principales proveedores de átomos, pero su talento para la divulgación y sus personalidades más bien opuestas acaparan la atención. Hoyle es un polemista sin igual, respetuoso con sus oponentes pero hábil crítico de sus ideas. Sabe ponerlos en ridículo si es necesario o presentarlos bajo una luz que los deja en desventaja. Gamow tiene un lado más extravagante y un sentido del humor contagioso. A diferencia de Hoyle, sabe que, en un debate, meterse al público en el bolsillo cuenta casi tanto como la calidad de los argumentos. En su autobiografía, publicada dos años después de su muerte, presenta las ideas de Fred Hoyle con su brío habitual, medio respetuoso, medio burlón, en una evidente parodia del Génesis:

> En el principio creó Dios la radiación y [los protones y neutrones]. [...] Y dijo Dios: «Sea la masa dos». Y fue la masa dos. Y

vio Dios el deuterio y vio que era bueno. Entonces dijo Dios: «Sea la masa tres». Y fue la masa tres. Y Dios vio el tritio y vio que el tritio era bueno. Y Dios fue invocando por número todas las masas hasta llegar a los elementos transuránicos. Pero cuando contempló su obra, vio que no era buena. Llevado por el entusiasmo, había omitido invocar la masa cinco y, por consiguiente, era imposible que se formaran elementos más pesados. [...] Así que dijo Dios: «Sea Hoyle». Y fue Hoyle. Y Dios vio a Hoyle y le ordenó que hiciera los elementos como él quisiera. Y Hoyle decidió hacer los elementos en las estrellas y esparcirlos por doquier cuando estas explotaran. [...] Así, con la ayuda de Dios, Hoyle hizo todos los elementos pesados en las estrellas, pero de una forma tan complicada que ni Hoyle, ni Dios ni nadie puede explicar cómo se hizo exactamente.

No sabemos realmente de cuándo data este texto. En cualquier caso, en el momento de su publicación, en 1970, estaba ya un poco obsoleto, porque para entonces se comprendían razonablemente bien la mayoría de las piezas del rompecabezas. Pero no es incorrecto decir que la fabricación de los elementos químicos en las estrellas es bastante compleja, porque requiere numerosas etapas y porque el que estas se produzcan o no depende de las características de la estrella, hasta el punto de que era fácil y tentador tener dudas sobre la solidez del edificio, uno de cuyos principales arquitectos era Hoyle. No voy a ocultar aquí que es difícil resumir de manera rigurosa pero concisa la fabricación de los átomos en las estrellas. Lo más sencillo es dar algunos ejemplos.

El átomo más abundante en el cuerpo humano es el hidrógeno. Como queda dicho, el hidrógeno procede del

Big Bang. El oxígeno del agua, de la atmósfera terrestre y de las moléculas de los organismos vivientes procede principalmente de estrellas masivas que explotan al final de su vida. El carbono, que también está presente en todos los organismos vivos, se forma principalmente durante las últimas fases de la vida de las estrellas de masa intermedia, de dos a ocho veces la masa del Sol. El hierro de nuestra hemoglobina se forma cuando los cadáveres de esas mismas estrellas explotan tras la colisión con una de sus semejantes. En cuanto al oro de las joyas que a uno u otra quizás le guste llevar o regalar, se sintetiza en la fusión de cadáveres de estrellas muy masivas. Incluso hay dos átomos que simplemente no se sintetizan ni en el Big Bang ni dentro de las estrellas: el berilio y el boro. Deben solo su existencia al hecho de que las explosiones de estrellas (de las que hablaré en breve) aceleran una ínfima parte de sus átomos a velocidades asombrosas. Estos átomos, en su azarosa trayectoria por la galaxia, chocan con otros átomos y a veces los rompen, produciendo ocasionalmente berilio y boro. Por otro lado, la mayoría de los átomos pueden sintetizarse a través de varios canales. El calcio que hace que nuestros huesos sean tan ligeros y fuertes se produce tanto en las explosiones de estrellas masivas como en las colisiones de cadáveres de estrellas de masa moderada. En cuanto al plomo, utilizado para hacer vidrieras, se produce en las estrellas de masa moderada al final de su vida y en colisiones de cadáveres de estrellas masivas. El elemento en origen más rico es el litio: se produce tanto durante el Big Bang como en las últimas fases de las estrellas de tipo solar y por la ruptura de átomos en el medio interestelar. Ninguna de estas vías de síntesis es francamente eficaz, pero como el litio es imposible de producir de otra manera, todas ellas hacen finalmente una contribución valiosa.

Si el lector se siente un poco aturdido por esta lista, que no se preocupe, porque comparte la misma perplejidad que Gamow y muchos de sus contemporáneos. Recordemos simplemente que los átomos se forman en las estrellas, pero no todos por las mismas estrellas ni en las mismas etapas de su existencia. Si, por el contrario, el lector tiene ganas de saber más, el resto de este capítulo está hecho para él.

Un comienzo cansino

Conceptualmente, una estrella es un objeto muy simple. Bajo el efecto de la fuerza de la gravedad (que hace que las masas se atraigan), una región del universo ligeramente más densa que su entorno se contrae. Los detalles del proceso son complejos, porque a esa contracción se oponen muchos fenómenos, como veremos en el próximo capítulo. Pero al final es posible que masas comparables a la del Sol se compriman en un volumen relativamente pequeño, del orden de un millón o diez millones de kilómetros... es decir, del tamaño de nuestra estrella. Este proceso de contracción, que aún hoy día sigue teniendo sus misterios, calienta el interior de la estrella a temperaturas de varios millones de grados: bien poco comparado con lo que ocurre en el universo primordial, pero la relativa moderación de esta temperatura queda compensada por el tiempo que perdura. Porque lo que se dice tiempo, las estrellas lo necesitan.

La dificultad con que se enfrentan las estrellas es que, a diferencia del universo primordial, no tienen neutrones libres. Son estos neutrones los que, al unirse con protones, permiten la síntesis del deuterio con el que todo comenzó. Pero deuterio, que es lo que necesita la estrella, prácticamente no hay, aparte de las ínfimas trazas surgidas del Big Bang. Así que la estrella tiene que encontrar alguna manera de producirlo. En principio es posible fabricar un neutrón a partir de un protón: como ya dijimos, basta para ello que un protón se fusione con un electrón. Pero para que esto ocurra es necesario que las dos partículas tengan una energía muy grande y por tanto que la temperatura sea extremadamente alta, lo que no ocurre en este caso: con los 15 millones de grados que reinan en el centro del Sol se está muy, muy lejos del objetivo. El «truco» que utiliza la estrella consiste en producir directamente un núcleo de deuterio mediante la fusión simultánea de dos protones y un electrón. Se trata de un proceso energéticamente favorable, porque en términos de masa el núcleo de deuterio es más ligero que los tres componentes que lo forman. Pero también es una configuración difícil de conseguir: es mucho más probable que choquen dos partículas que tres. Aquí es donde entra en juego el ingrediente decisivo de que disponen las estrellas: el tiempo. Aunque tarde miles de millones de años por término medio, la fabricación de deuterio es posible porque las estrellas son objetos perennes. Se calientan inicialmente al contraerse, y luego producen exactamente la cantidad de calor necesaria gracias a las reacciones que, a un ritmo muy lento, tienen lugar en su interior para compensar las pérdidas superficiales (pérdidas que son considerables a escala humana, pero a fin de cuentas bastante limitadas si se las compara con la masa de que disponen). En otras palabras, no es necesario formar deuterio a un ritmo frenético para hacer posible la existencia misma de las estrellas. Gracias a ello, las estrellas podrán brillar durante mucho tiempo. Una vez formado el deuterio, ha saltado el cerrojo: mientras que en el Sol el deuterio tardó miles de millones de años en formarse, le bastan ahora unos minutos para captar un nuevo protón y formar helio-3. Este acabará chocando con otro núcleo de helio-3 para formar helio-4, eyectando dos protones. Es posible que se produzcan otras reacciones, pero, al igual que en la nucleosíntesis primigenia, todas conducen al helio-4, como comprendió el físico alemán Hans Bethe (1906-2005) en 1938.

La mayor parte de la vida de una estrella corresponde a esta fase de conversión de hidrógeno en helio mediante la feliz síntesis del deuterio: esa fase se conoce por el nombre de secuencia principal. Su duración depende de la masa de la estrella. Cuanto más masiva es la estrella, mayor será la temperatura central y más rápida la velocidad de las reacciones. Al igual que un Fórmula 1 comparado con un 2CV, las estrellas masivas tienen más reservas (debido a su masa), pero las queman mucho más deprisa. La longevidad del Sol es de unos 12 000 millones de años, cifra que se reduce a unos pocos millones de años para las estrellas de más de cien masas solares[3]. Las estrellas menos masivas, con alrededor del 7 al 8% de la masa del Sol, tienen una longevidad cercana o superior a los 10 billones de años. Estas cifras son una buena noticia para los sistemas planetarios que pudieran poseer estas estrellas, pero aún es necesario que estos

---

3. En física estelar se razona casi exclusivamente relacionando las masas con la del Sol, lo que resulta mucho más cómodo que dar cifras en kilogramos o toneladas.

sistemas puedan formarse, es decir, que exista la materia de la que están compuestos. Ahora bien, un planeta como la Tierra está formado principalmente por hierro, oxígeno, silicio y magnesio, elementos que no existen al final del Big Bang y que las estrellas son incapaces de formar durante la secuencia principal: si todas las estrellas se conformaran con formar helio durante esta secuencia principal, entonces simplemente estaríamos repitiendo, aunque a cámara lenta, lo que ocurrió durante el Big Bang. Afortunadamente, las estrellas —o algunas de ellas— van mucho más allá.

Un astro solo puede considerarse una estrella si su temperatura central es suficiente para desencadenar las reacciones que sintetizan el helio. Tal será el caso si su masa es igual o superior a un 7 % la del Sol. Por debajo de este límite, la estrella aborta y se clasifica como una enana marrón. Por encima de ese valor y hasta el 50 % de la masa del Sol, la estrella se contentará con sintetizar helio durante la secuencia principal, al término de la cual se apagará tranquilamente por falta de combustible nuclear. Aquí está el futuro, porque tales estrellas tienen una longevidad muy superior a la edad actual del universo: ninguna de ellas ha dejado todavía de brillar. Las cosas son más interesantes para las estrellas más masivas. Una vez consumido el hidrógeno del núcleo seguirán quemando hidrógeno, pero esta vez en la periferia del núcleo. Luego, al quedarse sin hidrógeno, la estrella no tendrá más remedio que contraerse, porque eran las reacciones nucleares las que le permitían mantener su tamaño. La temperatura adquirida por esta nueva fase de contracción será entonces suficiente para iniciar algo nuevo: la combustión de helio. Como ya dijimos, en el Big Bang el helio formado no sirve de nada. Dos núcleos de helio-4 no pueden

fusionarse, porque el núcleo resultante, el berilio-8, es inestable. Pero la cosa cambia si en lugar de fusionarse dos
núcleos se fusionan *tres*. El núcleo resultante, el carbono-12,
es perfectamente estable. Como en el caso del deuterio, cuya
síntesis requiere la confluencia de tres partículas, la síntesis
del carbono se basa en un trío extremadamente improbable:
el berilio-8 formado al encontrarse dos núcleos de helio-4
es tan inestable que su esperanza de vida es inferior a una
milbillonésima de segundo. Para formar carbono-12 hace
falta que un tercer núcleo de helio-4 se encuentre con dos
congéneres en un intervalo muy corto, un suceso que no
tenía ninguna posibilidad de producirse en los pocos minutos del Big Bang. Con duraciones de millones de años,
lo que era imposible en el Big Bang es ahora inevitable en
las estrellas. Si se quiere personificar las cosas, podríamos
decir que las estrellas tuvieron la genialidad de encontrar
la manera de fabricar carbono, sin el cual nada de lo que
sigue podría producirse. En cualquier caso, fue una genialidad la del estonio Ernst Öpik (1893-1985) al entender
cómo lo hacían. Por desgracia para él, la publicación en la
que lo anunció en 1951 pasó inadvertida. Fue solo cuando
su colega Edwin Salpeter (1924-2008), un norteamericano
de origen austriaco, redescubrió este resultado un año más
tarde que los astrónomos se dieron cuenta de su importan-
cia... atribuyendo a Salpeter la paternidad de la idea.

Sintetizar carbono no es fácil, pero es la clave indispensable para la continuación. Es necesario que la temperatura
central de la estrella alcance los 100 millones de grados,
es decir, entre seis y siete veces la temperatura que reina
dentro de nuestro Sol. ¿Por qué una temperatura tan alta?
Porque los núcleos de helio necesitan estar en contacto

para fusionarse de tres en tres, lo que solo pueden hacer si chocan a muy alta velocidad. De lo contrario, la repulsión debida a su carga eléctrica se lo impide. Las estrellas de masa moderada se detienen aquí al no tener masa suficiente para iniciar otras reacciones al término de una nueva fase de contracción. Pero eso no les impide producir al margen algunas cosas fructíferas.

Cuando estas estrellas muy masivas fabrican esos elementos, están tan calientes que evacuan su calor por convección: la materia que contienen se remueve constantemente, como el agua en una olla en ebullición. Por consiguiente, el hidrógeno situado en la periferia de la estrella puede descender hasta el núcleo y encontrarse allí con el carbono recién producido. De este modo, un átomo de carbono-12 puede capturar un protón (es decir, un núcleo de hidrógeno) para formar nitrógeno-13. Este es inestable porque está demasiado desequilibrado en cuanto a la proporción de protones/neutrones. El núcleo se reorganiza para transmutar un protón en un neutrón. ¿En virtud de qué milagro? Porque lo que resulta de ello —un núcleo de carbono-13— es más ligero que un núcleo de nitrógeno-13, aunque no sea ese el caso de sus componentes por separado. En la práctica, un protón se desintegra en un neutrón, un neutrino y un antielectrón (el *alter ego* antimateria del electrón, ¿recuerdan?). El antielectrón desaparece casi instantáneamente al encontrarse con un electrón y no desempeña ya ningún papel. En cuanto al carbono-13, puede captar un nuevo protón para formar nitrógeno-14. Luego otro para formar oxígeno-15. Pero este vuelve a ser inestable y se reorganiza de la misma manera que el nitrógeno-13 para transmutarse en nitrógeno-15 estable. Este, a su vez, intentará capturar un nuevo protón para formar oxígeno-16. «Intentará» solamente, porque no lo conseguirá. Al colisionar con el protón, los dos núcleos se reorganizan (el protón por una parte y el nitrógeno-15 por otra), intercambian constituyentes y se separan, habiéndose transformado ambos: el nitrógeno-15 ha cedido dos neutrones y un protón para convertirse en carbono-12, y el protón se ha convertido en helio-4. Una vez más, la reacción puede producirse porque la masa combinada del carbono-12 y del helio-4 es menor que la del nitrógeno-15 y la de un protón; la diferencia de masa entre los dos se convierte en energía y por tanto en calor por la inevitable $E = mc^2$. La transformación es cíclica: se parte de un núcleo de carbono-12 y se vuelve a un núcleo de carbono-12, por lo que puede repetirse una y otra vez, transformando sin cesar hidrógeno en helio.

De hecho, Bethe comprendió ya en 1938 que el Sol podría proceder muy bien de esta manera durante la primera fase de su vida (la secuencia principal) si no fuese porque la temperatura en su interior no es lo suficientemente alta para que estas reacciones, conocidas como el ciclo CNO (llamado así por los tres símbolos químicos del carbono, el nitrógeno y el oxígeno), se produzcan a un ritmo notable. Ese es en cambio el caso de las estrellas ligeramente más masivas que el Sol, que producen efectivamente su helio ya en la secuencia principal a través del ciclo CNO[4]. Y también es el caso del Sol del futuro, mucho más caliente, donde las cosas serán muy diferentes, con consecuencias para la diversidad de la materia. Porque si el carbono-13 puede fusionarse con un protón

4. Véase Lehoucq, R., *Pourquoi le Soleil brille,* París, humenSciences, 2020.

para formar nitrógeno-14, también puede capturar un núcleo de helio-4 para formar dos nuevos núcleos: oxígeno-16 y un neutrón libre. Las estrellas, incluso las modestas, son ahora capaces de formar neutrones, que —¡por fin!— podrán crear diversidad, incluso mucha. Porque si las reacciones nucleares se producen lentamente en las estrellas es porque es difícil que dos núcleos atómicos se aproximen uno al otro: ambos tienen carga eléctrica positiva y tienden a repelerse. Solo si la temperatura es muy elevada, su velocidad relativa es suficiente para que entren en contacto a pesar de esta repulsión. Con los neutrones, todo cambia: un neutrón nunca es repelido por un núcleo atómico, por lo que puede acercarse a él aunque su velocidad sea moderada. Con un flujo pequeño pero constante de neutrones producidos por el carbono-13, cualquier otro núcleo atómico puede ser irradiado con estos neutrones y crecer. Consideremos el ejemplo del hierro, presente principalmente en forma de hierro-56. Aún no hemos explicado cómo se forma, pero supongamos por un momento que está disponible en una estrella. Mediante la captura de un neutrón, el hierro-56 se transforma en hierro-57, luego en hierro-58 y en hierro-59, dos capturas de neutrones más tarde. Este último es un núcleo inestable porque tiene demasiados neutrones. Sin embargo, se va a reorganizar, transformándose uno de sus neutrones en un protón y expulsando un electrón y un antineutrino. El núcleo se convierte así en cobalto-59, que a su vez captura un neutrón para formar cobalto-60. Este, una vez más, es inestable por tener demasiados neutrones. Uno de ellos se desintegrará en un protón, transformando el núcleo en níquel-60, y así sucesivamente. Aunque el flujo de neutrones sea pequeño, siempre existe la posibilidad de que los núcleos crezcan gracias a él. Los detalles del proceso son lógicamente complejos. Los núcleos no tienen todos ellos la misma capacidad de captura de neutrones. El hierro, por ejemplo, no es un absorbente eficaz de neutrones, como tampoco lo es el oxígeno. Pero los núcleos más grandes que el hierro sí lo son. Aunque es raro que un núcleo de hierro crezca capturando protones, una vez superado este umbral la máquina se pone en marcha y los núcleos formados pueden crecer sin muchas limitaciones, como no sea la escasez de neutrones. Pueden crecer así hasta formar plomo, ¡con ochenta y dos protones y más de ciento veinte neutrones! Por supuesto, las cantidades producidas disminuyen con la masa de los átomos, aunque solo sea porque hacen falta decenas y decenas de capturas de neutrones para obtener un solo núcleo de plomo, mientras que la emisión de un solo neutrón es un proceso ampliamente minoritario en comparación con la síntesis del carbono. Por tanto, las estrellas de poca masa pueden producir mucha diversidad... pero de forma muy desigual: siempre habrá muy pocos núcleos pesados en comparación con el carbono. Así, en el sistema solar no hay ni siquiera un átomo de plomo por cada mil millones de átomos de hidrógeno. Sin embargo, es de esa vía, por muy ineficaz que sea, de donde procede la mayor parte del plomo terrestre.

Queda un último obstáculo para que toda esta materia forme algún día planetas o seres humanos: escapar de la estrella. En las fases finales de su vida, cuando fabrican carbono, las estrellas de poca masa experimentan una aceleración del ritmo de sus reacciones. Con mucha más energía que evacuar, no tienen más remedio que hacerse mucho más grandes: cuanto mayor la superficie, más calor pierden. Al

La increíble aventura de la Tierra

crecer de tamaño, las capas exteriores de la estrella se alejan tanto del centro que quedan débilmente ligadas al resto. Como además la estrella se ve sacudida por movimientos de convección muy violentos, expulsa eficazmente gran parte de su materia: más del 30 % para una estrella de la masa del Sol, y más del 85 % para una estrella de ocho masas solares. El milagro se ha producido: la estrella ha devuelto materia al medio interestelar, enriquecida con multitud de átomos nuevos. Sin embargo, no de todos los átomos. Apenas hay oxígeno, silicio, magnesio o hierro, los principales componentes de nuestro planeta. Para ellos hay que recurrir a otros procesos.

Fuegos artificiales

Las estrellas más masivas (las de al menos ocho masas solares) no se contentan con fabricar carbono. Una vez sintetizado, el carbono se convierte en el nuevo combustible de la estrella. Los núcleos de carbono se fusionan dos a dos para formar un núcleo de helio y otro de neón. A continuación la estrella se contrae y se calienta, rompiendo el neón para producir oxígeno. El oxígeno será el combustible para el siguiente ciclo, en el que fusionándose formará silicio, que a su vez se fusiona para formar hierro y níquel. Todo esto ocurrirá a un ritmo mucho más rápido que en las plácidas estrellas de menor masa. Una estrella de quince masas solares completa la secuencia principal en solo trece millones de años, mientras que el Sol tarda más de diez mil millones de años. El resto es aún más frenético: ni siquiera un millón de años para la combustión del helio, y menos

90

de cuatro mil años para la del carbono. El neón desaparece en apenas ocho meses, y solo se necesitan cuatro años para convertir el oxígeno en silicio, que a su vez produce el hierro en menos de un mes. Para una estrella realmente muy masiva (ciento veinte veces la masa del Sol) es mucho peor: apenas tres millones de años para la secuencia principal, dos semanas para la combustión del oxígeno y menos de un día para la síntesis del hierro y del níquel... Es tentador pensar que las cosas podrían seguir así hasta los núcleos más grandes como el uranio, pero un grave problema acecha a las estrellas. La fusión sucesiva de núcleos pequeños en otros más grandes no siempre libera energía. Sí, en el caso de los núcleos de masa no superior a la del hierro y el níquel; después ya no. Pero una estrella puede brillar precisamente porque en ella se producen reacciones nucleares que producen energía. De modo que el hierro y el níquel parecen ser el nuevo callejón sin salida que se alza ante las estrellas masivas.

Cabría pensar que, como el hierro no puede reaccionar con nada, la estrella entera convertiría toda su masa en hierro, lo cual sería una doble catástrofe: solo se produciría hierro, y este permanecería para siempre en el cadáver estelar una vez completada su síntesis. Afortunadamente, el destino de la estrella será muy distinto, a la vez fértil y extravagante. Una estrella, ya lo dijimos, es un estado de equilibrio entre la fuerza de la gravedad, que tiende a comprimirla, y la presión, producida en gran parte por las reacciones nucleares. En este aspecto, las estrellas pueden tener un rango muy amplio de masas: desde el 7 % de la masa del Sol hasta más de 100 o 150 masas solares. Por encima de este valor los cálculos indican que una estrella recién formada estaría sometida a inestabilidades que provocarían grandes pérdidas de masa hasta caer por debajo del límite máximo autorizado para iniciar su vida como estrella. Fuera de estos posibles sobresaltos, una estrella es un objeto globalmente estable cuya evolución vendrá dictada únicamente por su masa. Pero una vez que llega al final de su vida, la situación cambia drásticamente. Privada de la presión proporcionada por las reacciones nucleares, la estrella tiene que recurrir a otras formas de presión que son mucho menos eficaces. A principios de la década de 1930, un joven astrofísico indio, Subrahmanyan Chandrasekhar (1910-1995), hace un descubrimiento sorprendente: no parece existir ninguna configuración de equilibrio estable para una estrella muerta si su masa es mayor que 1,4 veces la del Sol. ¿Qué ocurre entonces con una estrella de masa superior a ese límite? En aquel momento, nadie lo sabe, y Chandrasekhar se contenta con un prudente «Solo podemos especular sobre otras posibilidades» acerca de la evolución de un cadáver estelar demasiado masivo[5]. La respuesta a esta pregunta dará lugar a acalorados debates durante los años treinta, hasta el punto de que la respuesta definitiva tardaría décadas en emerger.

Antes de dar esa respuesta, conviene precisar que este límite de 1,4 masas solares no se aplica a tantas estrellas. Como queda dicho, todas las estrellas de media masa solar o más pierden una parte importante de su masa, hasta el punto de que las estrellas de ocho masas solares sufrirán al final una cura de adelgazamiento tal, que pueden descender por debajo de 1,4 masas solares en el momento decisivo, cuando se extingan tranquilamente (tanto en sentido literal como

5. Es una historia que tuve la ocasión de contar en *Por qué E = mc²*, Madrid, Alianza Editorial, 2025.

figurado). Casi todas ellas evolucionarán por tanto hacia un cadáver estelar llamado enana blanca, cuya masa no superará el fatídico límite hallado por Chandrasekhar. Para las estrellas verdaderamente masivas (a partir de ocho o diez masas solares) la historia es muy distinta. El núcleo de una estrella masiva está compuesto de hierro. Crece con el tiempo, alimentado por el silicio de la periferia, que se transforma en hierro. Y como la estrella es suficientemente masiva, a pesar de estar también sujeta a pérdidas de masa es lo bastante masiva de entrada como para que su núcleo alcance ineluctablemente el límite máximo, lo cual va a cambiar radicalmente su destino.

¿Cuál es entonces la principal fuente de presión en una estrella que no es, o que ha dejado de ser, la sede de reacciones nucleares? La ausencia de estas reacciones la priva de una fuente efectiva de presión, por lo que la estrella no tiene más remedio que optar por una configuración compacta en la que, gracias a su densidad, la presión interna será grande. Cuando el objeto es poco masivo y poco denso, la presión es obra de los propios átomos: debido a la temperatura, están animados de incesantes movimientos que les impiden agolparse demasiado unos contra otros. Pero cuando la densidad aumenta, esta forma de presión se hace menos eficaz y es sustituida por una propiedad bastante poco intuitiva de los electrones, denominada presión de degeneración. Esta presión se debe a las desconcertantes propiedades de las leyes del mundo microscópico, que estipulan que dos electrones no pueden estar en el mismo lugar y en el mismo estado al mismo tiempo. A este fenómeno ya hice brevemente referencia, sin decirlo explícitamente, cuando expliqué el hecho de que los electrones están estructurados alrededor de los núcleos atómicos en varias capas: en la capa más profunda, los electrones solo pueden estar en dos estados posibles. Y como no puede haber varios electrones en el mismo estado, solo hay como máximo dos electrones en esa capa. Lo mismo ocurre con las dos capas siguientes, salvo que en cada una de ellas hay ocho estados posibles, es decir, un máximo de ocho electrones, y así sucesivamente.

Volviendo a los núcleos de las estrellas, cuando la densidad es muy elevada, es precisamente ese fenómeno el que impide que los electrones se aglutinen y que la materia adquiera una densidad demasiado grande. Pero las leyes de la gravitación nos dicen que a medida que aumenta la masa el campo gravitatorio aumenta aún más rápidamente que esta presión de degeneración, hasta el punto de que los electrones no pueden ni acompañar esta compresión (debido a la presión de degeneración) ni oponerse a ella (debido al campo gravitatorio). Su única salida es desaparecer pura y simplemente. Cuando el núcleo de hierro de una estrella masiva alcanza el fatídico umbral de 1,4 masas solares, se contrae brutalmente, calentando la estrella hasta temperaturas fantásticas, suficientes esta vez para, simultáneamente, romper todos los núcleos de hierro, permitir a los electrones fusionarse con los protones contenidos en esos núcleos y formar neutrones. Esta reorganización tarda menos de un segundo en producirse: en menos de un segundo, el núcleo de hierro de la estrella, que medía unos 10 000 kilómetros de diámetro, se transforma en una bola de neutrones —una especie de núcleo atómico gigante, si se quiere— de apenas 20 kilómetros de diámetro. Todo el resto de la estrella se desploma de manera igual de brutal sobre este raquítico núcleo, para rebotar contra él con una violencia inusitada, dislocando el resto de la estrella, que como consecuencia de ello explota brutalmente. Aquí es donde entra en escena un actor que hasta ahora ha sido tan discreto que apenas hemos tenido ocasión de presentarlo: el neutrino. Recordemos: cuando un electrón se fusiona con un protón, forma un neutrón, pero también un neutrino. Los neutrinos se cuentan entre las partículas más evanescentes que se conocen. En general, no interactúan con nada en absoluto. Por ejemplo, las reacciones nucleares que tienen lugar en el Sol producen neutrinos en grandes cantidades, especialmente a través de la síntesis del deuterio. Estos neutrinos atraviesan sin enterarse nuestra estrella, luego el espacio que nos separa de la Tierra... e incluso a nosotros mismos. Cada segundo atraviesan cada centímetro cuadrado de nuestra piel varios miles de millones de neutrinos sin que sintamos nada en absoluto. Normalmente, los neutrinos no sirven para casi nada... excepto cuando muere una estrella masiva. El número de neutrinos producidos es entonces tan grande[6] y su energía tan alta que son capaces de interaccionar con las capas externas de la estrella y depositar allí una pequeña cantidad de su energía. No mucho más del 1%, pero en este caso es suficiente para hacer estallar el resto de la estrella, que explota literalmente e ilumina fugazmente toda la galaxia. Es el fenómeno de la supernova, o supernova de tipo II, porque, como veremos, no es el único tipo de explosión estelar con el que nos va a agraciar la madre naturaleza.

6. Una pequeña cifra astronómica para el camino: el núcleo de la estrella emite en un segundo tantos neutrinos como neutrones fabrica, es decir, alrededor de 1 000 000 000 000 000 000 000 000 000 000 000 000 000 000 000 000 000 000.

Y lo que es más importante, la energía inyectada en la cubierta estelar permite que se produzcan multitud de nuevas reacciones. Una pequeña parte del hierro del núcleo es expulsada, junto con neutrones. Aunque solo se trate de una pequeña fracción de la masa del núcleo, este flujo de neutrones irradia toda la cubierta y permite la formación de casi todos los átomos posibles e imaginables más allá del hierro, mediante el proceso, ya mencionado hace unas páginas, denominado captura neutrónica: los núcleos van a poder capturar neutrones, hasta saturarse de ellos y volverse inestables (recordemos que un núcleo no puede contener ni demasiados neutrones ni demasiado pocos). El núcleo estelar se reorganiza, con la desintegración de un neutrón en un protón y un electrón (que es expulsado inmediatamente), estabilizando el núcleo estelar y permitiéndole crecer de nuevo mediante la captura de neutrones adicionales. Esto es exactamente lo que ocurría en las estrellas de poca masa al final de su vida, con la diferencia de que lo que en el otro caso llevaba decenas de millones de años, aquí tiene lugar en apenas unos minutos, el tiempo que tardan estos neutrones y neutrinos en atravesar la gran cubierta de la estrella. Por supuesto, hay muy pocos neutrones en comparación con los átomos disponibles, así que solamente una pequeña fracción de la materia estelar participa en el proceso, pero se produce un número muy grande de átomos diferentes. ¿Todos los átomos posibles? En realidad, no. Se pueden producir todos los átomos, pero en proporciones que disminuyen rápidamente con la masa. Contrariamente a lo que imaginaba Fred Hoyle, el proceso permite producir cantidades significativas de núcleos hasta el circonio, que tiene cuarenta protones. Más allá, el proceso se detiene, por falta de tiempo y, sobre todo, de neutrones. Para formar los demás elementos, las estrellas tendrán que hacer gala de más inventiva e incluso resucitar a los muertos.

Al final de la vida de las estrellas no quedan más que cadáveres estelares: enanas blancas para las estrellas de masa pequeña a moderada, o estrellas de neutrones o incluso agujeros negros para las más masivas. *A priori*, se trata de astros inertes y aislados: su temperatura interna es demasiado baja para iniciar nuevas reacciones nucleares, y en cualquier caso su intenso campo gravitatorio les impide devolver la menor cantidad de materia al medio interestelar. Solo que las estrellas se forman en grupos, como veremos en el próximo capítulo, y se encuentran tan a menudo en pareja como solteras. Para nosotros, los humanos, las parejas se forman «hasta que la muerte las separe», pero las estrellas están a menudo unidas para siempre. Y en el tiempo infinito que se extiende después de su muerte puede suceder que dos cadáveres estelares giren en espiral uno alrededor del otro. Esto se debe a una peculiaridad de las leyes de la gravitación, que dice que dos objetos que orbitan uno alrededor del otro, sea cual sea su naturaleza, pierden un poco de energía por el simple hecho de moverse y de acercarse lentamente uno al otro. A menudo este acercamiento es tan lento que resulta completamente despreciable, pero a veces ocurre que los objetos están lo suficientemente cerca el uno del otro, desde el principio o como resultado de su evolución, para que este efecto les lleve a juntarse y luego colisionar en el plazo de algunos miles de millones de años o incluso menos. La velocidad relativa de dos enanas blancas al chocar es de unos 10 000 kilómetros por segundo. La violencia de la colisión es tal, que el calentamiento resultante provoca una explosión termonuclear global del conjunto. En una fracción de segundo, el conjunto de los dos cadáveres estelares se inflama. Generalmente compuestos en su mayor parte de carbono y oxígeno, serán el escenario de la cadena de reacciones nucleares más violenta que quepa imaginar, fabricando multitud de elementos más masivos como el calcio, el titanio, el cromo, el hierro y el níquel. La brutalidad del fenómeno es tal que nada sobrevive a la colisión. Toda la materia, sin excepción, es expulsada a gran velocidad, enriqueciendo el medio interestelar. En cuanto a la energía liberada, este fenómeno no tiene nada que envidiar al de una supernova, mencionado anteriormente, y también se describe con este nombre. A fin de distinguirla de las otras supernovas ya mencionadas, se utiliza aquí el término de supernova termonuclear (o tipo Ia), para indicar que el motor proviene de la física nuclear y no del colapso gravitatorio, como en el caso anterior.

Por las mismas razones, puede ocurrir que sean dos estrellas de neutrones las que colisionan. Esto se produce de forma aún más excepcional porque estos astros son mucho más raros que las enanas blancas, debido a que sus estrellas progenitoras también lo son (enseguida daré algunas cifras), pero el espectáculo es de una brutalidad inaudita. Dos estrellas de neutrones no chocan a 10 000 kilómetros por segundo, como en el caso anterior, sino a bastante más de 200 000. La violencia de la colisión es incomparablemente mayor, pero, paradójicamente, hay un astro que sobrevive: el campo gravitatorio de las dos estrellas de neutrones es tal, que el astro resultante conserva la mayor parte de la materia de las dos estrellas. ¿Cuál es su naturaleza? No lo sabemos con exactitud. Tal vez se trate de una estrella de neutrones especialmente masiva, hasta 2,7 veces la masa del Sol, o si no de un agujero negro. Lo importante es que un pequeño porcentaje de la masa de las dos estrellas de neutrones es expulsado a una velocidad tremenda. Se trata principalmente de neutrones, pero con trazas de hierro, que actuarán como núcleos de condensación de estos neutrones. En tan solo unos segundos, el proceso de captura de neutrones, que llevaba tanto tiempo en las estrellas de poca masa, permite producir casi cualquier núcleo posible e imaginable, hasta el plomo e incluso el uranio. Estas colisiones de estrellas de neutrones son sumamente raras. Se calcula que en nuestra galaxia no hay más de unas cuantas cada cien millones de años. Es poco, lo que explica la rareza de todos los elementos químicos que son principalmente producidos por ellas, como el oro, ya mencionado, el platino y el uranio. Pero también es suficiente para sembrar toda nuestra galaxia, ya que los restos de la explosión son expulsados a gran velocidad y se mezclan con el resto del medio interestelar en unas decenas o centenas de millones de años.

Polvo de estrellas

Somos, pues, «polvo de estrellas», según la expresión poética acuñada en los años sesenta y popularizada por Hubert Reeves (nacido en 1932). Exactamente, ¿cuántas estrellas y otros cadáveres estelares han contribuido a formar la materia de la que estamos compuestos nosotros y la Tierra? Es difícil saberlo por mediciones directas. Los átomos son objetos que no tienen memoria. A menos que sean radiactivos y tengan una esperanza de vida limitada, es imposible saber si un átomo concreto se creó ayer o hace miles de millones de años. Los modelos de formación y evolución de las estrellas llevan a pensar que son decenas y decenas de astros los que, en los nueve mil millones de años anteriores al nacimiento del Sol, fabricaron cada uno una fracción minúscula de los átomos de los que estamos compuestos. Formamos así parte, no como seres vivos sino como materiales del sistema solar, de un ciclo estelar que comenzó poco después del nacimiento del universo y que continuará durante miles de millones de años; como es lógico, es en los detalles de la formación de las estrellas en lo que nos vamos a centrar en el próximo capítulo.

4. El verdadero comienzo

Para los antiguos, la génesis de la Tierra y de la materia se confundía con la del universo. En Occidente, el relato más conocido de la creación del mundo es el del Antiguo Testamento. En él, las cosas se crean tal cual según la voluntad o las necesidades de la entidad creadora, Dios. El primer capítulo del Génesis cuenta la historia de forma muy concisa (¡menos de mil palabras!), pero también hay repeticiones en el capítulo siguiente que a veces se contradicen. Según los autores, «en el principio» es primero la Tierra la que es creada el primer día, seguida de la luz, sin especificar su fuente. A continuación, el segundo día, se crean el agua terrestre y la atmósfera, o al menos las nubes. El tercer día se consagra a dar forma a los continentes y, sobre todo, a la vida vegetal terrestre, y no es hasta el cuarto día cuando se crean simultáneamente la Luna, el Sol y las estrellas. Siguen luego la vida animal marina y las aves el quinto día, y el sexto día la guinda del pastel, el hombre, así como «una ayuda idónea para él», es decir, la mujer, ya que, como señala el segundo capítulo del Génesis, ninguno de los animales que Dios creó para hacer compañía al hombre le proporciona esa ayuda.

Por muy fundamental que sea este texto para nuestra cultura, no es en absoluto innovador. En el mundo griego, la génesis del mundo fue relatada por Hesíodo, un poeta que probablemente vivió alrededor del año 700 a. C. En su *Teogonía* relata la génesis de los propios dioses y, antes de eso, la del mundo. Primero está el Caos, concepto que describe la nada original. Luego aparece Gea (o Gaia o Gaya), es decir, la Tierra, «hogar para siempre inquebrantable de todos los seres», y después Eros (el Amor), «el más bello de los dioses inmortales». Gea engendra primero a Urano, el cielo estrellado, y después a los Ores o Montes. El Caos engendra a Érebo y Nix, que personifican respectivamente la oscuridad y la noche. Este último engendra después a Éter, el cielo superior, y a Hemera, el día. Los dos hermanos se unen para dar a luz a Talasa, la deidad que personifica el mar... Aunque lo que sigue difiere bastante del relato bíblico, se ve que el orden en que se realiza la disposición original no es muy diferente. También hay muchas similitudes entre el relato de Hesíodo y los relatos mesopotámicos, que son más antiguos. Nada sorprendente: hace mucho que los antropólogos y los etnólogos observaron que poblaciones a veces muy distantes y separadas geográficamente durante largos periodos de tiempo tienen mitos notablemente similares. A finales del siglo XIX, el francés Charles-Félix-Hyacinthe Gouhier (1832-1916) observó que los indios iroqueses tenían leyendas que recordaban extrañamente al mito griego de Orfeo. Esto sugiere que el mito es en realidad muy antiguo, al menos más que el asentamiento de los primeros grupos numanos en América, hace más de diez mil años. El estudio de los mitos antiguos y de cómo se propagaron de una cultura a otra es un campo de investigación por derecho propio, la areología, una de las disciplinas científicas más fascinantes en la encrucijada de la genética, la paleontología y la etnología.

Fantasías del origen

Digamos que todos estos relatos, y el hecho de influir unos en otros, revelan la voluntad de producir un discurso sobre los orígenes, de proponer una explicación de la existencia del mundo que a menudo se justifica por la emergencia de un orden a partir del desorden. Ese relato evoluciona en el transcurso del tiempo: por ejemplo, el relato bíblico introduce entre otras cosas la presencia de una entidad única, el gran arquitecto de la creación. Pero eso no cambia radicalmente de una civilización a otra, porque tal narrativa extrae una especie de legitimidad de las que la precedieron. Tales narrativas están tan arraigadas en las sucesivas culturas que las adoptan que acaban por adquirir un fundamento y una especie de infalibilidad. De hecho, en el siglo XVII apenas se pone en duda la historicidad del relato bíblico, hasta el punto de que tanto científicos como religiosos intentan establecer una cronología precisa. El genealogista más conocido en este campo fue el abad anglicano James Ussher (1581-1656), quien estableció hacia 1650 que el mundo había sido creado en el mes de octubre del año 4004 a. C., especificando el día del mes (el 23) y casi la hora de la creación (hacia el mediodía). Si nos entretenemos en evaluar la precisión de la edad del universo según Ussher, es decir, unas cuantas horas frente a un periodo de cinco mil seiscientos cincuenta años en aquel momento, obtenemos algo así como 0,00001 %. Esta precisión «astronómica» le ha valido a James Ussher no pocas burlas en nuestros días, actitud que tiene un lado injusto, porque no solo no fue él el primero en proponer una cronología de este tipo —le ganó su compatriota John Lightfoot (1602-1675) por apenas una década—, sino que no fue ni mucho menos la persona más ilustre que se entregó a ese ejercicio, habiéndose sumado posteriormente algunos de los grandes nombres de la ciencia como Kepler y Newton, que llegaron a resultados muy similares[1]

Al relato bíblico, como a muchos otros, cabe reconocerle la voluntad de una estructuración progresiva del mundo, la intuición de la emergencia de un orden a partir de un caos original. De la nada se crea la Tierra, que poco a poco es modelada para que la vida pueda desarrollarse en ella. Pero aparte de eso no es evidente la coherencia lógica del relato y la cronología de las etapas parece arbitraria. ¿Por qué, por ejemplo, crear la luz antes que las fuentes de luz que son el Sol y las estrellas? Pero ¿por qué no?, cabría responder: al fin y al cabo hubo que esperar muchos siglos antes de que la ciencia viera las cosas más claras. Porque la cuestión de los orígenes, por muy universal que sea, es ante todo muy compleja.

Y fue la Razón

Abordar científicamente la cuestión de los orígenes es difícil en muchos aspectos. Prescindir de una voluntad divina

---

1. Kepler fecha el instante de la creación en el año 3993 a. C., Newton en 3998 a. C.

supone reemplazarla por otra cosa, a saber, la existencia de leyes que rigen los fenómenos. Por desgracia, son muchos los fenómenos que intervienen en el nacimiento de las estrellas y de sus cortejos planetarios. Sin tener en cuenta todos esos procesos es imposible tener una visión global, por lo que los primeros intentos estuvieron condenados al fracaso. Sin embargo, tenían muchos aspectos meritorios, como el hecho de prescindir de una voluntad divina, con los riesgos que ello podía conllevar en aquella época.

El primer científico que intentó abordar la cuestión del origen y la evolución del sistema solar —y, por tanto, del universo, de acuerdo con el saber de la época— fue el francés René Descartes (1596-1650). Hacia 1630 empezó a desarrollar una teoría según la cual el espacio no está vacío sino que está compuesto por un fluido, el éter, que arrastra consigo la materia. Este fluido gira en vórtices alrededor de los astros, lo que explica por qué la Luna gira alrededor de la Tierra y esta alrededor del Sol. Los trabajos de Descartes no son para nada cuantitativos. No pretenden encontrar la regularidad de las órbitas planetarias hallada por Kepler. Sin embargo, son los primeros en buscar una causa primera para los movimientos de los astros, mientras que sus predecesores se habían contentado con describir los movimientos sin molestarse en considerar cuál podía ser el motor.

Las ideas de Descartes fueron barridas por los trabajos de Isaac Newton, quien, con la publicación de sus leyes de la gravitación, presentó también una descripción unificada de los movimientos de los astros. Además, dicha descripción podía ser contrastada con cada nuevo astro descubierto, por ejemplo los cometas, como el muy espectacular de 1680 que iluminó los cielos europeos en otoño de ese año. Sin embargo, algunas de las ideas de Newton causaron un ligero retroceso en la comprensión del problema. Para el ilustre científico inglés, los planetas habían sido diseñados tal cual por el Creador y no había ninguna razón para que el sistema solar evolucionara. La edad del sistema solar era por tanto una variable sin interés. Que tuviera cinco mil setecientos o un millón de años no cambiaba nada: un mundo inmutable no tiene, en la práctica, edad alguna. Para volver a la noción de evolución esbozada por Descartes hubo que esperar algunas décadas. El francés Georges-Louis Leclerc de Buffon (1707-1788) resucitó la idea de la evolución y, sobre todo, la del origen común de los planetas. Fue el primero en señalar que resulta sorprendente que todos los planetas giren alrededor del Sol en planos casi idénticos. Si todos tuvieran orígenes diferentes, ¿por qué iban a moverse en el mismo plano? Difícil en cambio para Buffon relacionar el origen del Sol con el de los planetas. Piensa que primero se creó el Sol y que después un gran suceso presidió la formación simultánea de los planetas. En aquella época, el sistema solar no comprende gran cosa: el Sol, los seis planetas conocidos entonces y varios cometas, algunos de ellos especialmente espectaculares. No hay nada más, y en este exiguo zoológico los cometas son un elemento perturbador con fuertes potencialidades. Su trayectoria los lleva alternativamente muy cerca y muy lejos del Sol y, dado que algunos cometas pasan peligrosamente cerca de nuestra estrella, ¿por qué no pensar que algunos de ellos chocan con ella? En la mente de las gentes de la época, la naturaleza de los cometas es algo muy misterioso. Nadie conoce su tamaño ni su masa. Pero se sabe que la imponente cabellera de algunos de ellos se extiende a lo largo de millones y millones de kilómetros. ¿Cómo imaginar entonces que los más grandes rara vez superan los diez kilómetros de diámetro? Para Buffon y muchos de sus contemporáneos, los cometas son mucho más grandes y mucho más masivos. Buffon se basa, entre otras cosas, en el espectacular cometa que acabamos de mencionar, aparecido en el cielo en el otoño de 1680. Descubierto el 14 de noviembre de ese año por el astrónomo alemán Gottfried Kirch (1639-1710), el cometa adquirió un intenso brillo a medida que se acercó al Sol, pasando a su lado a una distancia de menos de un millón de kilómetros el 18 de diciembre. Este acercamiento no lo destruyó; al contrario, fue seguido de un aumento de luminosidad hasta el punto de ser visible a plena luz del día, alcanzando el punto culminante de su brillo el 29 de diciembre. Para Buffon, semejante prodigio solo podía explicarse por un objeto de tamaño considerable (para explicar su espectacular cabellera) y de densidad muy grande, la única posibilidad, según él, de poder soportar el intenso calor recibido del Sol al pasar cerca de él. Buffon estima que la masa del cometa podía llegar a ser veintiocho mil veces mayor que la de la Tierra, mucho más que la de todos los planetas juntos, cuya masa combinada apenas alcanza unos centenares de masas terrestres. Sobre todo, el científico ve en estas imponentes dimensiones una hipótesis que parece muy realista para el origen de los planetas: estos se habrían formado por una colisión titánica entre un cometa gigante y el Sol, el primero arrancando del segundo grandes cantidades de materia que poco a poco se fueron disponiendo en la forma de varios astros de tamaño y masa variables, los planetas. Tales colisiones no tienen evidentemente nada de raro: si en lo que alcanza la memoria humana ha habido un gran cometa que ha pasado a menos de un millón de kilómetros del Sol, una distancia de aproximación inferior a su diámetro, es muy concebible que en el pasado (sobre todo si es un pasado remoto) pudiera efectivamente haber tenido lugar una colisión.

Otros científicos del siglo XVIII conciben en cambio una formación conjunta de todo el sistema solar. El más conocido es Pierre-Simon Laplace (1749-1827), matemático y astrónomo francés. En una monumental obra en varios volúmenes titulada *Exposition du système du monde* (Exposición del sistema del mundo) explora la posibilidad de que el conjunto del sistema solar se formara a partir de un vasto disco de materia cuya parte central colapsó para formar el Sol, mientras que las partes periféricas formaron los planetas. La idea propuesta por Laplace, por lo demás un matemático riguroso, no estaba apuntalada por demasiados cálculos. Es, digamos, un escenario, un hilo conductor, que propone la formación simultánea de nuestro entorno cósmico. En realidad Laplace no fue el primero en proponer una idea de este estilo. Unas décadas antes que él, el filósofo alemán Immanuel Kant (1724-1804) había propuesto, sin el respaldo de ningún cálculo, la idea de una nebulosa primitiva, lo mismo que un investigador de la universidad de Montpellier cuyos trabajos estuvieron olvidados largo tiempo, Pierre Estève (1720-1790), quien en 1748 publicó una obra titulada *Origine de l'Univers, expliquée par le principe de la matière* (Origen del Universo, explicado por el principio de la materia). Así pues, Laplace no fue el primer inventor de la idea, pero es muy posible que se le ocurriera independientemente de sus predecesores. Pero, ante todo, sus predecesores no hicieron más que proponer una hipótesis general, no un guion construido. Lo cual no es por otro lado nada sorprendente:

ni Kant ni Estève eran físicos o matemáticos, lo que les impedía dar cuerpo a sus ideas y tener alguna esperanza de convencer a sus contemporáneos. Así, en una correspondencia que data probablemente de 1750, el matemático suizo Gabriel Cramer (1704-1752) dice lo siguiente sobre las ideas de Estève: «Su joven de Montpellier tiene buena cabeza, pero me parece que todavía le falta geometría y, sobre todo, mecánica. Creo haber observado algunos defectos contra una y otra. Siendo tan joven, es de creer que llegará a ser un hombre ilustre, sobre todo si puede viajar a París para disfrutar de su conversación de usted». Su corresponsal, el célebre astrónomo Alexis Clairaut (1713-1765), también destacado matemático[2], se muestra de acuerdo: «Pienso como usted, mi querido señor, sobre el joven matemático de Montpellier. Y también había observado yo algunos errores tanto de geometría como de mecánica. Al hablar de las órbitas de los planetas, recuerdo, por ejemplo, cierta ignorancia de las principales proposiciones de Newton. [...] Pero el libro en su conjunto denota cabeza y no me cabe duda de que el autor se convertiría en un gran [sujeto] si estuviera en París o Londres o en cualquier otro lugar donde la emulación y la ayuda no permiten que se entierre el talento». Lo que es talento, Laplace lo tenía a raudales. Mejoró algunos aspectos de la formulación de las leyes de la gravitación establecidas por Newton. También sentó las bases de una nueva disciplina matemática con gran futuro:

2. Entre otros logros, Alexis Clairaut, matemático muy precoz, escribió a los 16 años una notable memoria que, publicada dos años más tarde, le valió ser elegido miembro de la Académie des Sciences. Para ello tuvo que acogerse a una exención, porque, debido a su corta edad, no era legalmente elegible para esta prestigiosa institución.

la estadística. Por eso, cuando propone la idea de una «nebulosa primitiva», todo el mundo le presta atención, aunque no estaba respaldada por muchos cálculos. En efecto, su *Exposition du système du monde* pretende ser una síntesis de todos los resultados conocidos sobre la estructura de los objetos del sistema solar, desde el achatamiento de los planetas debido a su rotación, hasta la determinación de la masa de los satélites de Júpiter deducida de sus sutiles interacciones mutuas, pasando por la influencia del Sol en el movimiento de la Luna. Se trata, pues, de un resumen de los conocimientos de la época, a excepción de un único pasaje. El quinto y último volumen de la *Exposition* está dedicado a la historia de la astronomía. Al final del último capítulo, Laplace añade algunas «notas», es decir, apéndices. Y es en la última de ellas, la «nota VII y última», donde se aventura a mencionar lo que, a diferencia del resto de su obra, no es un resultado, sino una hipótesis, una línea de trabajo, sobre el origen del Sol y lo que le rodea: «En el estado primitivo en el que suponemos al Sol, este se asemejaba a las nebulosas que nos muestra el telescopio, compuestas de un núcleo más o menos brillante, rodeado de una nebulosidad que, al condensarse en la superficie del núcleo, lo transforma en estrella. Si, por analogía, concebimos todas las estrellas formadas de este modo, cabe imaginar su estado anterior de nebulosidad precedido a su vez por otros estados en los que la materia nebulosa era cada vez más difusa, siendo el núcleo cada vez menos luminoso. Llegamos así, remontándonos lo más lejos posible, a una nebulosidad tan difusa que apenas cabría sospechar su existencia». Según Laplace, el Sol se origina en una nube de gas que, en un momento dado, puede calentarse y hacerse suficientemente densa como para brillar y formar una de esas nebulosidades que vemos en el cielo, conocidas en la época como «nebulosas espirales». Nadie sospecha en aquel entonces que se trata en realidad de galaxias, es decir, de objetos situados fuera de la Vía Láctea y de tamaño y masa considerables. Para Laplace, en cambio, se trata de objetos relativamente cercanos de pequeña extensión espacial. Al enfriarse, esta nube de materia se contrae, aumentando su rotación en virtud del conocido efecto de la patinadora que gira tanto más deprisa cuanto más junta los brazos hacia el cuerpo. Pero entonces las partes periféricas de la nube son arrastradas a tal velocidad que dejan de estar suficientemente retenidas por la fuerza de la gravedad. Así, el protosol va perdiendo a ráfagas anillos de materia que se condensan uno tras otro en planetas. Laplace piensa que los anillos de Saturno son un ejemplo a menor escala de este mismo proceso, en este caso aún inconcluso.

Laplace no incluye ningún cálculo en apoyo de sus ideas, solo algunas consideraciones sobre las órbitas de los cometas, planetas y satélites, que podrían influirse mutuamente para reproducir las características observadas. No es mucho, desde luego, pero no deja de ser fascinante. Por impreciso que sea, el breve texto de Laplace constituye un acontecimiento fundacional para la ciencia. La primera edición de la *Exposition du système du monde* apareció en 1796. Unos años más tarde, Laplace es convocado por el mismísimo Napoleón Bonaparte, que le interpela en términos posiblemente virulentos: «Señor de Laplace, no encuentro ninguna mención de Dios en su sistema», se dice que dijo el futuro emperador, a lo que el científico habría repuesto con una frase llamada a hacerse célebre: «Señor, no he necesitado esa hipótesis», y añadiendo, en apoyo de esta lapidaria respuesta: «Esa hipótesis, señor, explica efectivamente todo, pero no permite predecir nada. Como científico, mi obligación es proporcionarle a usted trabajos que permitan hacer predicciones». No hay testigos directos de este episodio, relatado muchos años después por François Arago, por lo que tal vez sea apócrifo, o al menos novelado, hasta el punto de que existen varias versiones de él[3]. Pero no por ello es menos revelador.

Interesarse por los orígenes se convierte poco a poco en un tema científico casi como cualquier otro, en el que no hay razón para no aplicar el método científico y leyes físicas bien establecidas o para que estos cedan ante un misterio que nos sería esencialmente inaccesible. Pero decimos que es *casi* como cualquier otro tema científico porque aquí se hallan en juego el poder y la influencia. Ya se trate de religiosos o, a partir de ahora, de científicos, quienes consiguen convencer a la gente de que están en posesión de alguna forma de verdad sobre una cuestión tan fundamental son gente influyente, y para un país, afirmar que ha resuelto este enigma le aporta un cierto prestigio. Así, a lo largo de todo el siglo XIX van a enfrentarse las escuelas de pensamiento francesa e inglesa, adoptando la primera la teoría de Laplace y la segunda la de Buffon, aunque con una adaptación: ya no es la colisión con un cometa lo que sustrae materia al

---

3. Sin embargo, la anécdota no deja de ser verosímil porque Laplace y Napoleón se conocían desde hacía tiempo: en 1785, Laplace era uno de los examinadores del Corps-Royal d'artillerie y había quedado muy impresionado por las aptitudes matemáticas del joven candidato Bonaparte, que entonces tenía 16 años. Doce años más tarde, emitió una opinión favorable al nombramiento de Napoleón como miembro de la Académie des Sciences, nombramiento de carácter muy político.

Sol, sino el paso muy cercano de una estrella que, sin llegar a colisionar, arranca un filamento de materia a nuestra estrella. Esta guerra de influencia migrará luego a otros lugares: en el siglo XX será la competencia entre Estados Unidos y la Unión Soviética la que dominará ciertos aspectos de la formación del sistema solar. Pero antes de eso tenemos que encontrar el elemento que determina si son los franceses o los ingleses los que van a salir vencedores.

La hipótesis de Laplace tiene muchos fallos. Por ejemplo, no hay ninguna razón para que la eyección de materia forme anillos que luego se condensan uno a uno en planetas. Una eyección continua de materia es en ese sentido al menos igual de plausible. Pero, del lado inglés, la hipótesis «catastrofista» de un suceso que arrancó materia del Sol no está mucho mejor fundamentada. Será perfeccionada poco a poco a lo largo del siglo XIX... como también lo serán los argumentos en su contra. El golpe de gracia llegó en los años treinta. El norteamericano Lyman Spitzer (1914-1997) aporta en 1939 el argumento decisivo: la materia arrancada del Sol es poco masiva y muy caliente. Por tanto, su campo gravitatorio es débil, pero su presión es alta, demasiado alta para que pueda condensarse en uno o varios cuerpos pequeños que se convertirían en planetas. Arrancar materia de una estrella producirá, en el mejor de los casos, una extensa atmósfera alrededor de ella, no condensaciones planetarias. Al mismo tiempo, otro argumento completamente diferente proveniente de la física nuclear acaba de invalidar la hipótesis catastrofista: el deuterio. Como vimos en el capítulo anterior, el deuterio es frágil. Se destruye por encima de unos cientos de miles de grados. Pero si la superficie de nuestra estrella bulle, eso es signo de movimientos de materia procedentes de su interior. En consecuencia, el deuterio que hubiera estado en la superficie del Sol en el momento de su formación se habría sumergido sin cesar en sus entrañas antes de volver una y otra vez a la superficie y por tanto habría quedado destruido desde hace tiempo. Así, pues, el Sol no contiene o no contiene ya deuterio desde que existe. Cualquier suceso posterior a su formación que le hubiera arrancado materia encontraría que esta no contenía deuterio. Sin embargo, el deuterio existe en la Tierra, en el agua, aunque sea en forma de trazas. Da igual que la abundancia de deuterio sea pequeña, lo que importa es que no es nula. Si el agua terrestre, como todos los demás componentes de la Tierra, se formó por una colisión con el Sol, entonces tendría que estar completamente desprovista de deuterio. Descubierta con grandes esfuerzos en 1931 por el químico norteamericano Harold Urey (1893-1981) en el agua terrestre, la presencia de deuterio se fue comprobando poco a poco en todo el sistema solar, aparte del propio Sol, demostrando que los planetas, cometas y asteroides proceden de un medio frío y no caliente, lo que da así definitivamente razón a la hipótesis de Laplace. Así, es bastante lógico que en adelante se utilizara la expresión «nebulosa de Laplace» para describir el objeto que precedió a la formación más o menos simultánea del Sol y los planetas, antes de que el término «nebulosa protosolar» empezara a imponerse progresivamente. Falta comprender los detalles, pero como se trata de un proceso muy complejo, es a otra cuestión, igual de fundamental pero más sencilla, a la que los científicos van a encontrar respuesta: la edad de la Tierra y del Sol.

Comprender la longitud de las escalas temporales

Independientemente de la cuestión de la formación del sistema solar se plantea también la de su edad, que durante mucho tiempo se tomó como igual a la del universo, reducido como estaba este al primero. La cuestión de la edad del universo ni siquiera se planteaba, porque un objeto que no evoluciona con el tiempo no tiene edad: si ha permanecido igual a lo largo de los tiempos posiblemente inmemoriales transcurridos desde su formación, da igual que fuese creado ayer o hace miles de millones de años. En esas condiciones, era la imaginación de cada cual la que fijaba las escalas de tiempo. En el mundo cristiano, la cronología de la Biblia es bastante breve. Según el Génesis, las primeras generaciones humanas son tremendamente longevas —ocho o nueve siglos en general— y tienen la descendencia a edades de más de un siglo. Entre la creación y ciertos personajes históricos no hubo muchas generaciones, por lo que el intervalo de tiempo entre el «nacimiento» de Adán y Eva y el de Jesús es solo de unos cuatro mil años, como establecieron Ussher y otros. Es, pues, un universo muy joven el que se propone en el marco bíblico, un relato que quizá esté más cerca de su final que de su principio: a partir del Renacimiento, los teólogos interesados en la cuestión consideran que no pasarían ni siquiera mil años de aquí al Apocalipsis, que no es una catástrofe como pensamos hoy, sino la Revelación final.

En otras civilizaciones se contemplan en cambio escalas temporales mucho más largas. Entre los mayas existen diferentes escalas de tiempo, cada una de ellas a menudo veinte veces más larga que la anterior: los días se agrupan de veinte en veinte para formar un *uinal*, que en grupos de dieciocho forman aproximadamente un año, o *tun*, de trescientos sesenta días de duración. Después viene el *katun*, veinte veces trescientos sesenta días, luego el *baktun*, veinte veces más largo (unos cuatrocientos años), seguido del *pictun* (casi ocho mil años) y así sucesivamente hasta el *hablatun*, que supera los mil millones de años. Y qué decir del mundo hindú, donde existen dos escalas temporales diferentes: la de los humanos y la del dios Brahma. Un siglo de vida humana corresponde a una milésima de segundo del tiempo de Brahma, que a su vez tiene una esperanza de vida de un siglo en su propia escala temporal. Un año corresponde a unos 30 millones de segundos, y un siglo representa unos 3 billones de milésimas de segundo, por lo que la vida de Brahma —un siglo en su marco temporal— equivale a unos 3 billones de siglos o 300 billones de años en tiempo terrestre. Así que, en teoría, el universo podría ser así de antiguo, o posiblemente tener una esperanza de vida así de larga.

Abordar la cuestión de la edad de la Tierra desde un punto de vista científico es doblemente difícil: se necesita un cronómetro natural y, sobre todo, liberarse de prejuicios, ya sean culturales o religiosos. El naturalista Buffon es el primero en pensar haber encontrado ese cronómetro. La obra cumbre de Buffon es su monumental *Histoire naturelle*, publicada en varios volúmenes a partir de la década de 1740 hasta su muerte. Lo más conocido es la descripción del mundo viviente que hace allí. Doce volúmenes están dedicados a los cuadrúpedos, nueve a las aves y cinco a los minerales. Después de su muerte se publicaron otros volúmenes basados en notas escritas en vida: dos sobre los reptiles, cinco sobre los peces y uno sobre los cetáceos. Esta vasta colección va precedida de tres volúmenes introductorios que presentan la Tierra misma y la historia del mundo viviente tal como se imagina en aquella época. Es en el primero de estos tres volúmenes donde por ejemplo enuncia la hipótesis catastrofista de la formación de los planetas tras la colisión con un gigantesco cometa, o el hecho de que la regularidad de las órbitas planetarias habla en favor de un origen común. Pero hasta ahí, la discusión de Buffon es puramente cualitativa. A partir de 1774, más de un cuarto de siglo después de la publicación de los primeros volúmenes, publica siete *Suppléments* que amplían las discusiones de los tres primeros volúmenes. Dos de ellos se refieren a la historia de la Tierra. En el primero intenta estimar la edad de la Tierra, y en el quinto propone dar un sentido científico riguroso al relato bíblico de la creación del mundo.

En esta segunda mitad del siglo XVIII se sabe ya que el interior de la Tierra está caliente: el vulcanismo, el que la temperatura en el fondo de las minas aumente con la profundidad, todo hace pensar que la temperatura es mucho más elevada en el centro del planeta que en la superficie. Buffon imagina por tanto que en el momento de su formación la Tierra era un objeto caliente, exactamente igual que el Sol, a partir del cual podría haberse originado, como propusiera un cuarto de siglo antes. Y si, a diferencia de nuestra estrella, que sigue estando muy caliente en la superficie, nuestro planeta se ha enfriado desde entonces, es porque su pequeño tamaño le ha impedido retener eficazmente el calor inicial. En otras palabras, la Tierra evoluciona bajo la influencia de un proceso irreversible que es su enfriamiento: la influencia divina, si existe, queda relegada a los primeros instantes. Lo que ocurre después lo dictan las leyes físicas.

Para determinar la edad de la Tierra bastaría al parecer con determinar el tiempo de enfriamiento de un objeto tan grande como nuestro planeta, inicialmente caliente. ¿Pero cómo de caliente? La hipótesis de Buffon es que el objeto estaba inicialmente fundido y que luego se solidificó. Determinar la edad de la Tierra es por tanto un problema de transferencia de calor, una disciplina física por derecho propio que desgraciadamente aún no existía en la época de Buffon. Pero si los cálculos no permitían predecir nada, la experimentación quizás sí. La casualidad quiso que Buffon heredase de su madre una fragua en Borgoña. Desde hacía algún tiempo venía realizando allí experimentos, tanto como científico como por encargo del ejército: fabricar balas de cañón que no se rompan al dispararlas es una cuestión estratégica indudable en una época en la que los países europeos estaban constantemente en guerra. Así que Buffon intenta el experimento con balas de cañón. Empieza con diez balas cuyos diámetros van aumentando de media pulgada en media pulgada hasta cinco pulgadas; en Francia en aquella época una pulgada equivalía a unos 2,7 de los centímetros actuales[4]. A continuación las calienta al rojo vivo y mide el tiempo de enfriamiento, y luego intenta determinar, de forma puramente empírica, la ley que relaciona el diámetro de las balas con el tiempo de enfriamiento. ¿Hay algo que describa el tamaño de las balas de cañón que sea proporcional al tiempo de enfriamiento? ¿Es el radio de la bala? ¿O su superficie, donde se produce la pérdida de calor? ¿O su volumen, que es proporcional a la masa que se enfría? Buffon

4. En aquella época, las unidades de peso y medida variaban de un país a otro, e incluso de una ciudad a otra. Así, la pulgada francesa, igual a la doceava parte del «pie de Rey», era diferente de la pulgada inglesa, que medía 2,54 cm. Véase *Por qué la Tierra es redonda*, Madrid, Alianza Editorial, 2025.

no lo sabe y se decide por el radio, rechazando de paso las ideas de Newton al respecto. Los tiempos de enfriamiento observados no siguen una ley lineal en función del radio, pero Buffon está convencido de que conviene hacer una aproximación afín. Este término significa que el tiempo de enfriamiento viene descrito por una ley de proporcionalidad a la que se resta una cantidad constante. En el caso que nos ocupa, Buffon observa que el tiempo que tarda una bala de cañón de N semipulgadas de diámetro en enfriarse hasta alcanzar la temperatura ambiente es de aproximadamente $54N - 15$ minutos. Después aplica audazmente la fórmula, tomando como N el valor del diámetro de la Tierra expresado en semipulgadas (unos 940 millones) y halla 51 000 millones de minutos, es decir, 95 000 años, cifra que Buffon transforma inmediatamente en 74 000 años, invocando diversos argumentos bastante discutibles.

Evidentemente habría muchas críticas que hacer al razonamiento de Buffon, y él mismo es consciente de que tiene muchos fallos. El tiempo de enfriamiento depende del material utilizado, señala, como también es probable que dependa de lo que rodea a la Tierra. Nuestro planeta, inmerso en el vacío del espacio, puede que no se enfríe al mismo ritmo que una bala de cañón rodeada del aire ambiente (una de las razones por las que reduce la cifra de 95 000 a 74 000 años). Pero lo esencial es otra cosa: es probable que existan métodos científicos para evaluar la edad de la Tierra y del resto del universo, y todo hace pensar que la brevedad de la cronología bíblica es insostenible.

Buffon prosigue sus reflexiones en el quinto *Supplément*. Lo que va a proponer allí no es ya simplemente una cifra para la edad de la Tierra, sino una cronología detallada de lo que podría ser la historia del planeta, basada en hechos que podrían calificarse de objetivos... así como en los textos sagrados, porque en aquella época quien dice creación de la Tierra dice también creación divina. Buffon teme estar pisando terreno resbaladizo, o quizá lo sepa ya: después de todo, había escandalizado ya a muchos de sus contemporáneos al afirmar que el hombre forma parte del reino animal, lo que no es realmente compatible con el discurso religioso que de manera pretenciosa nos sitúa por encima de él. Este quinto *Supplément* apareció en 1778. Estamos por tanto varias décadas antes de la *Exposition du système du monde* de Laplace y su famoso «No he necesitado esa hipótesis». Buffon sabe que abordar científicamente una cuestión que hasta entonces ha sido dominio exclusivo de la religión no está exento de riesgos, por lo que en el texto que redacta propone partir de las Sagradas Escrituras para deducir lo que describe como las «Épocas de la Naturaleza». En resumen, propone una exégesis aplicada, pero a veces muy ingenua, del Génesis, para intentar darle un sentido científico. ¿Cree Buffon en la pertinencia de su planteamiento? Ante todo, promete hacerlo no para criticar el texto, sino para ponerlo mejor en valor y darle más sentido. «Solo me he permitido esta interpretación de los primeros versículos del Génesis con vistas a hacer un gran bien, que sería reconciliar para siempre la ciencia de la Naturaleza con la de la Teología. En mi opinión, no pueden estar en contradicción más que en apariencia, y mi explicación parece demostrarlo». Y añade, como muestra de buena fe y espíritu de apertura: «Pero si esta explicación, aunque sencilla y muy clara, pareciera insuficiente e incluso irrelevante a algunas mentes demasiado apegadas a la letra, les ruego que me juzguen por mi intención y que consideren que mi sistema sobre las Épocas de la Naturaleza, siendo puramente hipotético, no puede perjudicar a las verdades reveladas, que son otros tantos axiomas inmutables, independientes de toda hipótesis, y a los que he sometido y someto mis pensamientos». En resumen, Buffon promete a sus inevitables y poderosos detractores que, por una parte, actúa de buena fe y que, por otra, lo que ha intentado hacer decir a las Escrituras no es más que una *hipótesis*, la misma palabra que un siglo y medio antes la Inquisición romana había reprochado a Galileo no haber utilizado en relación con sus reflexiones sobre el movimiento de la Tierra. Es fácil adivinar que Buffon no va a revelar el fondo de su pensamiento. Envuelve, y sin duda edulcora, sus convicciones personales en la ilusión de un trabajo teológico, lo que justifica que pueda hablar de ciencia sobre semejante tema. «Mejor llano que colgado», así resumía Buffon la prudencia con la que conviene expresarse sobre ciertos temas. Fue sin duda también esta comprensible prudencia la que le había llevado a añadir una ilustración a la introducción de su texto de 1749 sobre la formación de la Tierra: mostraba a Dios guiando con la mano un cometa gigante hacia el Sol, el mismo cometa que, según él, había dado origen a la Tierra. Asimismo, en notas inéditas de su manuscrito de 1774, da a entender que la edad de la Tierra se cuenta más bien por millones de años, es decir, al menos quince veces más que la cifra publicada por él. Así pues, Buffon no va hasta el final con su idea, pero eso no es realmente tan importante: la ciencia es una empresa colectiva, y lo más valioso es dar impulso a una nueva dirección de investigación que poco a poco irán afinando las generaciones futuras. Tener razón de inmediato no es decisivo, siempre que se dé a los demás los medios para llegar a ella. En cualquier caso, el mundo religioso fue desapareciendo poco a poco del debate, sin demasiados enfrentamientos: es en tiempos de Buffon, bajo el pontificado del papa Pío VII (1800-1823), cuando la Iglesia católica reconoce que la cronología de la historia universal no puede extraerse de los textos bíblicos.

A partir de ese momento, la cuestión de la edad de la Tierra se convierte en un asunto de físicos y geólogos, que, basándose en teorías ya bien probadas o en mediciones sobre el terreno, van a tratar de averiguar la verdadera edad del mundo. Y es incluso una áspera lucha entre estas dos comunidades de científicos la que se va a librar en el siglo XIX. Para los primeros, la Tierra es un objeto científico como cualquier otro, sujeto a las leyes que pueden establecerse en el laboratorio. Y estas leyes parecen poder decir muchas cosas. En primer lugar, se comprende que si los planetas, independientemente de su modo de formación, proceden de un medio frío y diluido, su contracción bajo el efecto de su campo gravitatorio va a calentarlos. Por tanto, es posible determinar qué cantidad de calor acumularon durante su formación, mientras que la estimación de Buffon de su temperatura inicial era de lo más aleatoria. Y como ahora se conocen las leyes de la propagación del calor, establecidas en 1811 por el francés Joseph Fourier (1768-1830), es posible determinar cuánto tiempo tardó la Tierra en evacuar ese calor: basta con evaluar la magnitud apropiada, llamada conductividad térmica, del interior de la Tierra. Tras muchos cálculos e hipótesis, el veredicto del inglés William Thomson (1824-1907) es que la Tierra tiene entre 20 y 400 millones de años, siendo 100 millones de años la más probable, según afirma en 1862, antes de revisar la cifra a la baja en los años siguientes. Pero frente a ellos, los científicos más directamente implicados en el estudio del objeto Tierra no están de acuerdo. Los geólogos no pretenden ser físicos, pero son finos observadores de los procesos que conforman la superficie del planeta. Y hoy en día estos procesos son lentos, incluso muy lentos. El ritmo de erosión de los acantilados de creta se estima en unos pocos centímetros por siglo. El ritmo de sedimentación de las arcillas es aún más lento, de unos pocos milímetros por siglo. Sin embargo, estas formaciones son extremadamente extensas. El tiempo necesario para formarlas es por tanto inmensamente largo y podría muy bien contarse por centenas de millones de años. Como la edad dada por Thomson no es muy rígida y él mismo considera que 100 millones de años es el valor más probable, los geólogos intentan adaptarse a ella, porque lo único que tienen que hacer es revisar al alza el ritmo de los procesos geológicos. Pero hacia el final de su vida Thomson rebajaría considerablemente la cifra, abandonando las precauciones con las que había anunciado sus 100 millones de años. No sin cierta arrogancia, critica a los geólogos que, en su opinión, niegan las leyes de la física. Aunque lo hace con argumentos puramente científicos, se sabe ahora que Thomson siente especial aversión hacia la teoría de la evolución de su contemporáneo Charles Darwin (1809-1882), quien había afirmado que necesitaba escalas de tiempo muy largas para que las especies evolucionaran. Al pretender que su cifra de 100 millones de años era en realidad una sobreestimación, Thomson se complace sin duda maliciosamente en poner a Darwin en dificultades, y con cierto éxito: hoy en día, los círculos creacionistas presentan a William Thomson como uno de los suyos, con el argumento de que se opuso a Darwin.

Pero los hechos son tozudos y los geólogos no ven —y con razón— cómo encajar toda la historia de la Tierra en apenas veinte millones de años, sobre todo porque aquí solo se está hablando de la historia que cuentan los vestigios visibles de que disponen: nada indica que la Tierra no sea mucho más antigua que esos vestigios. La controversia se fue convirtiendo poco a poco en disputa, como muestra este cruel apóstrofe lanzado por el geólogo Thomas Henry Huxley (1825-1895) contra Thomson y su demostración de la edad de la Tierra mediante el razonamiento y no la experimentación: «Las matemáticas pueden compararse a un molino de exquisita manufactura... lo que se obtiene depende de lo que se ponga en él; y así como el mejor molino del mundo no extraería harina de trigo de vainas de guisante, páginas y páginas de fórmulas no obtendrán un resultado preciso a partir de datos poco fiables». A esta discusión se añadió un debate sobre la perennidad de los procesos observados. ¿Se han desarrollado siempre al mismo ritmo o eran antes más rápidos? En el primer caso, las estimaciones realizadas con las tasas actuales están bien fundadas; en el segundo, sobrestiman, posiblemente en mucho, la edad real de los procesos, por lo que William Thomson tenía posibilidades de estar en lo cierto. La situación cambió a finales del siglo XIX con el descubrimiento de la radiactividad por Henri Becquerel (1852-1908) en 1896. Ahora existía una nueva fuente de energía, mucho más duradera que cualquier otra conocida hasta entonces por los científicos y capaz de producir continuamente calor en el interior de la Tierra y de explicar el brillo del Sol durante periodos mucho más largos de lo que Thomson había imaginado. Liberados de esta limitación, los geólogos contemplan sin miedo escalas de tiempo mucho más largas para la edad de la Tierra. En 1907, el norteamericano Bertram Boltwood (1870-1927) es el primero en aportar argumentos convincentes a favor de una Tierra de más de dos mil millones de años, aunque nada es seguro en aquel momento.

Curiosamente, son ahora los geólogos los que caen presa del vértigo, ellos que hasta entonces habían sido más lúcidos que los físicos. Así, en 1919, el geólogo francés Pierre Termier (1859-1930) declara en una conferencia:

Existe entre los resultados proporcionados por los tres procedimientos del método radiactivo una concordancia que, sin ser perfecta, no deja de ser impresionante. En 1917, Barrell elaboró un cuadro de duraciones probables que resumiré en tres líneas: (i) el conjunto del Cuaternario y el Terciario habría durado entre 55 y 65 millones de años; (ii) el Mesozoico, de 135 a 180 millones de años; (iii) el Paleozoico (sin remontar más allá del Cámbrico), de 360 a 540 millones de años. Todo esto es plausible, y sin embargo muy incierto. Retengamos simplemente que las estimaciones utilizadas veinte años atrás deben ahora aumentarse considerablemente. Los tiempos geológicos abarcan probablemente no decenas sino varias centenas de millones de años. En cuanto a las épocas que precedieron a la aparición de la vida, que yo llamo tiempos cósmicos, no hay nada en absoluto que nos dé la menor idea de su formidable duración.

La última palabra en la historia llegó en 1953 con las mediciones precisas de la datación radiactiva. Estas deben mucho a Boltwood. Fue él el primero en comprender que la radiactividad del uranio acaba por transformarlo, en la mayoría de los casos, en plomo. Una muestra de uranio que al principio no contenga plomo se irá haciendo más pobre en el primero en beneficio del segundo, y midiendo sus abundancias relativas se puede llegar a deducir fácilmente la edad de la muestra. Afortunadamente, la naturaleza nos ofrece un medio natural para separar el uranio del plomo. La afinidad química de estos dos elementos con determinados minerales, como el circón, hace que estos últimos puedan incorporar uranio sin la menor traza de plomo. Es solo una vez formados cuando estos minerales van a poseer cantidades lentamente crecientes de plomo, tanto mayores cuanto más antiguos sean. Fue así como Boltwood afirmó en 1907 que la Tierra podía tener más de dos mil millones de años; pero eso no era suficiente para llegar a una conclusión definitiva: nada garantiza que los circones utilizados sean tan antiguos como nuestro planeta. Así que, para encontrar la respuesta definitiva, hay que mirar no bajo nuestros pies sino en el cielo, en las rocas más primitivas, algunas de las cuales son vestigios de la formación del sistema solar: los meteoritos, que a veces se recuperan cuando acaban por caer al suelo tras atravesar la órbita terrestre. Fue estudiando algunos de estos meteoritos como, entre 1953 y 1956, el geoquímico norteamericano Clair Patterson (1922-1995) fija la edad de la Tierra en 4500 millones de años, más o menos 1 o 2 %, una cifra que coincide efectivamente con las medidas más recientes, que fijan la edad de los meteoritos más antiguos en 4568 millones de años, con una precisión que supera ahora el millón de años.

La Tierra es por tanto mucho más vieja de lo que se imaginaba, y la historia de la vida conocida entonces solo refleja efectivamente una pequeña parte de su evolución: los organismos pluricelulares no se desarrollaron hasta el periodo Cámbrico, cuyo comienzo data de hace algo más de 540 millones de años. Así pues, casi 4 000 millones de años de existencia de nuestro planeta siguen siendo poco conocidos.

La emergencia del escenario

La Tierra es por tanto vieja y no se formó a partir del Sol sino al mismo tiempo que él. Dado que los planetas representan una masa despreciable al lado de la de su estrella —situación que se ha verificado desde entonces con todos los sistemas exoplanetarios—, es la formación de la propia estrella la que constituye la piedra angular del proceso. De hecho, poco a poco se va comprendiendo que no se debe hablar de la formación de una estrella, sino de la formación de *las* estrellas. Como vimos en el capítulo anterior, las estrellas están dotadas al nacer de una masa que es variable y que dicta su tiempo de vida. Cuanto más masiva es la estrella, más intensamente brilla durante la mayor parte de su existencia, a saber, cuando convierte hidrógeno en helio. Estas características fueron establecidas primero en 1910 gracias a un paciente trabajo de clasificación de las estrellas en función de su brillo intrínseco y de su color, a iniciativa de los astrónomos Ejnar Hertzsprung (1873-1967) y Henry Norris Russell (1877-1957). Mucho antes de que se supiera nada sobre la estructura interna de las estrellas o su fuente de energía, los dos astrónomos establecieron que la temperatura superficial de las estrellas, revelada visualmente por su color, aumentaba con su luminosidad intrínseca. Por supuesto, esta temperatura puede cuantificarse mejor estudiando el espectro de la estrella (véase el capítulo 1), lo que permite clasificar las estrellas en varias categorías conocidas como «tipos espectrales». Los astrónomos designan los tipos espectrales con letras del alfabeto. Inicialmente se decidió utilizar el orden alfabético, empezando por la letra A para las estrellas más calientes y luminosas y terminando con la letra M; algunas letras se abandonaron más tarde al fusionarse algunos de los tipos espectrales. Resultó que en la clasificación inicial se habían cometido varios errores: la temperatura de las estrellas más luminosas se había evaluado inicialmente de forma incorrecta. Consecuencia: las estrellas de tipo B eran en realidad más calientes que las de tipo A. Además, se descubrió una clase muy poco común de estrellas que son aún más calientes, a las que se asignó la letra O (en representación del número cero) para indicar que eran las primeras en términos de temperatura y luminosidad.

Por orden decreciente de luminosidad las estrellas son finalmente del tipo espectral O, B, A, F, G, K, M[5]. Por consiguiente, con una temperatura superficial de 5500 °C, nuestro Sol es del tipo espectral G, una estrella más caliente y masiva que la mayoría de sus congéneres, pero bastante modesta en comparación con los 25 000 °C o más de las estrellas de tipo O. En 1947, el astrónomo soviético Viktor Ambartsumian (1908-1996) es el primero en observar que las estrellas de tipo O y B se encuentran a menudo en grupos que comparten

---

5. Un orden que durante mucho tiempo los astrónomos anglosajones proponían retener con una frase mnemotécnica algo desafortunada: «O Be A Fine Girl, Kiss Me».

un movimiento global común. Dada la corta esperanza de vida de estas estrellas masivas, esto significa que probablemente nacieron al mismo tiempo y en el mismo lugar, un resultado confirmado poco a poco en la década de 1950 por el holandés Adriaan Blaauw (1914-2010). Durante mucho tiempo, la hipótesis dominante había sido que las estrellas se formaban más bien separadas unas de otras en el centro de esas misteriosas «nebulosas espirales» (que ahora sabemos que son galaxias), pero ahora la situación cambia: las estrellas nacen en grupos, en un periodo de tiempo restringido y en lugares concretos. Laplace ya había formulado en su día esa posibilidad: la existencia de grupos aislados de estrellas, como el cúmulo de las Pléyades, podría sugerir que se trataba de estrellas jóvenes que se habían formado en el mismo lugar. Pero lo que en 1800 no era más que una vaga hipótesis se convierte siglo y medio más tarde en una certeza. Además, pronto se ve que las estrellas de tipo O y B no son las únicas en nacer juntas. A menudo están acompañadas de estrellas de tipo T Tauri. Descubiertas hacia 1945 por el norteamericano Alfred Joy (1882-1973), estas estrellas tienen una masa moderada y están sujetas a variaciones bruscas y a veces grandes de luminosidad. Dichas variaciones se deben a la presencia de un disco de materia que las rodea, vestigio de la vasta nube de gas que presidió su nacimiento. En resumen, no son solo las estrellas masivas las que nacen juntas y simultáneamente. El hecho de que vayan acompañadas de estrellas de tipo T Tauri demuestra que el proceso concierne a todas las estrellas, sea cual sea su masa.

Lo que ahora se comprende bien es dónde nacen las estrellas: en el seno de vastísimas nubes de gas llamadas nubes moleculares gigantes. Compuestas principalmente de hidrógeno y helio, estas nubes son relativamente densas en comparación con el resto del medio interestelar, y también muy frías. En ellas pueden detectarse muchas moléculas simples, como agua, monóxido de carbono y amoniaco; de ahí su nombre. Pero aparte de gas, estas nubes están compuestas también de diminutas partículas sólidas que los astrónomos denominan «polvo» y que son granos muy pequeños de roca, ricos en calcio, magnesio y silicio, entre otras cosas. Las nubes moleculares gigantes son sobre todo muy masivas, el equivalente de varias decenas de miles masas solares, incluso puede que más de un millón. Su tamaño es de cientos de años luz, una cifra modesta comparada con el tamaño típico de una galaxia, que es de decenas de miles de años luz. La densidad de la materia en estas nubes es por supuesto muy pequeña en comparación con los estándares terrestres, pero es lo suficientemente grande como para que la presencia de polvo —un eficaz absorbente de la luz estelar— haga que estas nubes sean a menudo bastante opacas, tanto más cuanto más densas son. Aquí es donde se pone de manifiesto la dificultad de estudiar el nacimiento de las estrellas: estas «maternidades estelares», como las llaman los astrónomos, nos ocultan lo que ocurre en su interior, de modo que el proceso exacto de fragmentación y contracción de estas vastas extensiones de gas en estrellas individuales sigue siendo poco conocido, porque es difícil de observar y tampoco fácil de modelizar. Pero el mecanismo principal sí se conoce. Se denomina «inestabilidad de Jeans», en honor de su descubridor, el físico inglés James Jeans (1877-1946). La idea subyacente es que una nube molecular gigante, lo mismo que una estrella, se encuentra en un estado de equilibrio en el que las fuerzas de presión, cuya intensidad viene dictada por la temperatura y la densidad, contrarrestan el campo gravitatorio determinado por su masa y su tamaño. En este caso, la nube es muy fría y muy grande, por lo que la presión y el campo gravitatorio son débiles. Pero si la nube sufriera un cambio brusco de temperatura, las fuerzas de presión disminuirían y se rompería el equilibrio. Cálculos relativamente sencillos indican que la nube no se contraerá brutalmente, sino que se fragmentará en varias subnubes que serán más compactas que la nube original, un proceso que puede ocurrir varias veces seguidas mientras dure el enfriamiento. Así pues, la formación estelar se inicia, en este contexto, con un suceso que desestabiliza la nube y permite la formación en cascada de estrellas en un espacio de tiempo astronómicamente corto: algunos millones de años como máximo. En detalle las cosas son por supuesto más complicadas. Las nubes moleculares gigantes no solo se desintegran. También son modeladas por diversos procesos. Por ejemplo, el tenue campo magnético que reina en su interior favorece la aparición de filamentos de materia, a partir de los cuales se formarán preferentemente las estrellas por ser mayor allí la densidad de materia; pero también puede ralentizar el proceso al frenar la contracción. Y en cuanto se forma una estrella especialmente masiva, la intensa radiación que emite tiene una gran capacidad de erosión de estas nubes, al disiparlas poco a poco: es una suerte que la formación de estrellas sea casi simultánea, porque de lo contrario se detendría como consecuencia de la radiación de las primeras estrellas masivas que se hubiesen formado.

La belleza del cielo nocturno revelada por los telescopios debe mucho a estas maternidades estelares. Iluminadas desde dentro por las estrellas masivas que nacen en ellas, forman magníficas nebulosas, como las de Orión o la Laguna, visibles a simple vista desde lugares suficientemente alejados de toda fuente de contaminación lumínica. Si bien el ojo es incapaz de detectar el color, las fotografías de larga exposición pueden detectarlo, revelando un color a menudo rosáceo, combinación de dos tipos de radiación. Primero está el color blanco, a veces ligeramente azulado, de las estrellas más masivas, que también emiten una fuerte radiación ultravioleta debido a su elevada temperatura superficial. Esta radiación, invisible para nuestros ojos, excita los electrones de los átomos de hidrógeno hasta el punto de arrancarlos de sus núcleos. Y cuando son capturados de nuevo emiten una radiación característica de color rojo. A ello se añaden otros colores, entre ellos el azul. Cuando el gas ya no es muy abundante y la radiación de las estrellas es menos intensa, el gas difunde la luz de las segundas, un poco como lo hace la atmósfera terrestre, y lo que predomina, igual que en esta última, es un resplandor azulado, como es el caso del cúmulo de las Pléyades.

Ciclos estelares

¿A qué ritmo se forman las estrellas? Se trata de una pregunta difícil de responder. Las estrellas no se iluminan de repente, y no es fácil saber en qué instante comienzan a vivir. Esta es una de las razones por las que los astrónomos determinan las cosas no por el número de estrellas que se forman cada año, sino por la masa de gas que contribuye a la formación de estrellas cada año. Es lo que los astrónomos llaman la «tasa de formación estelar», expresada en masas solares por año. Otro dato que también les interesa, y quizá aún más, es lo que llaman la «función inicial de masa», es decir, la distribución de masas de las estrellas que se forman. Los astrónomos se dieron enseguida cuenta de que las estrellas más masivas, las de tipo O o B, son muy raras, y no solo porque su esperanza de vida sea limitada. Su rareza ya está presente en el momento de su formación, cosa que fue cuantificada por primera vez en los años cincuenta por Edwin E. Salpeter (1924-2008). Este trabajo es uno de los más importantes de toda la astronomía. Tanto si estudiamos las estrellas en sí, su modo de formación, el enriquecimiento del medio interestelar, los exoplanetas o la evolución de las galaxias, saber exactamente cuáles son las poblaciones de estrellas es el dato más indispensable. Y como las simulaciones numéricas más sofisticadas tienen dificultades para reproducir el conjunto de los procesos que tienen lugar en las maternidades estelares, la observación es decisiva para determinar cómo se distribuyen en términos de masa al nacer.

Las observaciones de Salpeter, mejoradas posteriormente a principios del presente siglo por el astrofísico australiano de origen checo Pavel Kroupa (nacido en 1963) y luego por el francés Gilles Chabrier (nacido en 1956), muestran que la función inicial de masa disminuye muy rápidamente con la masa de las estrellas: las estrellas de alrededor de una masa solar (con una precisión del 1 %) son cincuenta veces más numerosas que las de veinte masas solares (también con una precisión del 1 %). La misma tendencia se observa con las estrellas de masa muy pequeña, que son mucho más numerosas que las de tipo solar. Por tanto, son más que ampliamente dominantes, sobre todo porque estas últimas tienen una esperanza de vida mucho mayor: aunque, al nacer, la masa media de las estrellas es próxima a la del Sol gracias a algunos ejemplares raros pero imponentes, las poblaciones de estrellas que se encuentran realmente en nuestra galaxia tienen una masa media muy inferior. Ahora es posible comprobarlo directamente mediante un sondeo de la vecindad solar. Con la misión espacial europea *Gaia* lanzada en 2013 fue posible hacer un censo probablemente exhaustivo de todo lo que hay en la vecindad del Sol. Así, hasta treinta y tres años luz de distancia se han contabilizado 463 astros (incluido el Sol), ninguno de los cuales pertenece a las clases espectrales O o B, y solo cuatro estrellas son de tipo A, ocho de tipo F y dieciocho de tipo G, como el Sol, que ocupa el trigésimo lugar en términos de masa. Los 433 astros restantes son menos masivos, y más de la mitad de ellos son de tipo M, es decir, estrellas de masa muy pequeña, a las que se añaden una veintena de enanas blancas y un centenar corto de enanas marrones[6].

La tasa de formación estelar es aún más difícil de evaluar. Esto se debe a que vivimos en el interior de nuestra galaxia y que por tanto nos resulta difícil identificar todas las zonas de formación estelar, tanto más oscurecidas por el resto del medio interestelar cuanto más lejos están. En cambio es más fácil hacerlo para las galaxias exteriores, que nos ofrecen una visión de conjunto de su actividad. Las galaxias espirales cercanas que vemos desde arriba son en ese sentido más fáciles de estudiar, como la famosa galaxia M51, conocida como galaxia Remolino. Situada a 27 millones de años luz de nosotros, tiene la enorme ventaja de poder ser vista desde arriba, lo que permite

6. A lo que hay que añadir los 77 exoplanetas ya detectados, cuyo número total es sin duda mucho mayor.

identificar todas sus zonas de formación estelar. Estas son doblemente fáciles de identificar gracias a las estrellas O y B que contienen. Son mucho más brillantes que otras regiones de la galaxia, y su color rosáceo es una indicación directa de su presencia. La tasa de formación estelar se determina midiendo la intensidad de la luz ultravioleta procedente de estas regiones, luz a la que contribuyen principalmente las estrellas de tipo O y B. Esto permite determinar cuántas de estas estrellas hay, sin tener que contarlas una por una. A continuación se extrapola a todas las estrellas utilizando la función inicial de masa de Salpeter junto con las correcciones aportadas por algunos de sus sucesores.

Por cierto, al censar estas zonas se observa inmediatamente que están situadas en los brazos espirales de la galaxia, pero esta observación es tan engañosa como fácil de hacer. Lleva a creer que una galaxia espiral solo contiene materia en los brazos espirales, lo cual es completamente falso. En las galaxias hay estrellas absolutamente en todas partes y los brazos espirales no son particularmente más masivos que el resto. Lo que ocurre es que los brazos espirales son zonas en las que el gas está ligeramente más comprimido que en otras partes, y esta compresión gira con el tiempo alrededor de la galaxia: si hiciéramos una película a cámara rápida de la evolución de una galaxia, veríamos los brazos espirales girar, pero lo harían a una velocidad diferente de la de las estrellas, algo así como se desplaza un atasco en una autopista: los coches pasan todos por una zona de ralentización, pero esta zona se desplaza lentamente en el tiempo con respecto a la calzada, en función del retraso con el que los automovilistas frenan cuando llegan a la zona de ralentización y aceleran cuando la abandonan. Los brazos espirales son por tanto zonas temporalmente y ligeramente más densas en gas, no mucho más que el resto de la galaxia, pero lo suficiente para estimular la formación de estrellas. Y como es en las zonas de formación estelar donde se encuentran las estrellas más luminosas, cuya esperanza de vida es muy corta, se tiene la impresión de que hay allí más estrellas porque hay más luminosidad. Pero si razonamos en términos de masa y no de brillo, entonces la masa está distribuida de forma mucho más uniforme por el disco de la galaxia.

Aparte de constatar (una vez más) que las apariencias engañan, esta historia tiene una moraleja interesante: no se puede separar el problema del nacimiento de las estrellas del de la evolución de las galaxias. Las estrellas nacen en las galaxias y no en otros lugares, aunque hay grandes cantidades de gas entre ellas. Lo importante es que son las condiciones que prevalecen dentro de las galaxias las únicas que permiten que se inicie el proceso de formación estelar. Y, a la inversa, los nacimientos de estrellas influyen en el futuro de las galaxias. Las galaxias no son receptáculos pasivos de estrellas que se mueven únicamente bajo la influencia de la fuerza de la gravedad. Su morfología está esculpida por el gas, que a su vez tiene su propia dinámica, sometida tanto a las leyes de la gravitación como a la radiación de las estrellas, sobre todo de las más luminosas. Estas pueden contribuir a disipar parte del gas, por ejemplo durante las explosiones de supernova, pero las galaxias también atraen el gas circundante. Por tanto, en el interior de las galaxias tiene lugar un complejo ciclo del gas. Según estimaciones recientes, en la Vía Láctea se forman 1,3 masas solares de estrellas al año. Por tanto, el medio interestelar se empobrece en la misma cantidad cada año, pero se regenera en parte gracias a dos

fuentes: en primer lugar, nuestra galaxia capta lentamente materia procedente del medio intergaláctico, a razón
de unas 0,5 masas solares al año; en segundo lugar, al final de
su vida las estrellas devuelven parte de su materia al medio
interestelar, también a un ritmo de 0,2 masas solares al año,
ya sea a través de los vientos estelares o de las explosiones de
supernova. Además, alrededor de 0,2 masas solares se pierden definitivamente en cadáveres estelares aislados que ya
no interactúan con nada. Finalmente, la reserva de gas se
empobrece inexorablemente y la formación estelar se acaba.
Esto es así desde hace mucho tiempo: la masa combinada
de las estrellas de nuestra galaxia, curiosamente bastante
difícil de determinar, se sitúa probablemente en torno a
escasos cien mil millones de masas solares, suficientes para
haber formado de doscientos a trescientos mil millones de
estrellas, ya que las estrellas poco masivas son, con mucho,
las más numerosas. Con una tasa de formación estelar de 1,3
masas solares al año, se necesitarían entre 70 000 y 80 000
millones de años para formar la masa actual de estrellas en
la Vía Láctea, un tiempo mucho más largo que la edad de
nuestra galaxia (algo más de 10 000 millones de años) e incluso del universo (entre 13 500 y 14 000 millones de años).
Conclusión: nuestra galaxia y probablemente la mayoría de
sus hermanas formaban estrellas a un ritmo considerablemente mayor en el pasado. Por supuesto, cada galaxia tiene
su propia historia, pero las observaciones indican que el
universo en su conjunto experimentó su pico de formación
estelar hace 8 000 o 10 000 millones de años. No es muy
difícil establecer este resultado. Dado que la luz viaja a una
velocidad grande pero finita, observar un objeto lejano
equivale a verlo no como es hoy, sino como fue en el pasado.

Observar las galaxias a diferentes distancias es asistir al desarrollo de la historia del universo.

Desde el pico de formación de estrellas, las cosas se han ido ralentizado lenta pero inexorablemente, a razón de una disminución de la tasa del 20 al 25 % por cada mil millones de años. Naturalmente, nuestra Vía Láctea todavía posee cantidades nada despreciables de gas, estimadas en unos 7 000 millones de masas solares, lo que significa que podrá seguir formando estrellas durante al menos 5 000 millones de años al ritmo actual, e incluso más si este ritmo disminuye con el tiempo, como probablemente ocurrirá. También es posible que se produzcan aumentos de la formación estelar dentro de algunos miles de millones de años, cuando nuestra vecina galaxia de Andrómeda, que se dirige derecha hacia nosotros, se fusione con ella para formar una galaxia más masiva. Pero todo esto acabará por llegar a un fin algún día. De hecho hay galaxias que han dejado ya de formar estrellas. A diferencia de las majestuosas galaxias espirales de la Vía Láctea y Andrómeda, las llamadas galaxias elípticas, una especie de bolas de estrellas más o menos alargadas, carecen casi por completo de gas, como es el caso de la galaxia M87, que recientemente se ha hecho famosa por albergar el primer agujero negro gigante del que se han obtenido imágenes[7]. M87 dejó de formar estrellas hace mucho tiempo, lo que explica visualmente su aspecto más apagado: en las galaxias espirales, las zonas de formación estelar están iluminadas desde el interior por los ejemplares más masivos, que son también los más brillantes. Los brazos espirales de las galaxias están salpicados de tales regiones. Esto es fácil

7. Véase *Por qué E = mc²*, cap. 19, Madrid, Alianza Editorial, 2025.

de observar en las galaxias espirales cercanas vistas no de canto, sino desde arriba, como es el caso de la galaxia M51, mencionada anteriormente. Además, esta galaxia está absorbiendo una galaxia más pequeña que tiene la desgracia de encontrarse en sus proximidades, lo que sin duda estimula el proceso de formación estelar, en particular el de estrellas masivas y, unos millones de años más tarde, la tasa de supernovas. En ese aspecto, la galaxia más prolífica del momento es NGC 6946. No tiene un nombre muy poético, y además tampoco es tan fácil de observar, como les gustaría a los astrónomos, porque está situada detrás del disco de la Vía Láctea. Sin embargo, se sabe que ha producido diez supernovas desde 1915, con cuatro en el transcurso del siglo XXI. Esto significa que si se observa esta galaxia cada noche durante un mes, se tiene un 1,5 % de probabilidades de ver una nueva supernova, característica que le ha valido a la galaxia el acertado apodo de «Galaxia de los Fuegos Artificiales». Por el contrario, a pesar de su tamaño y masa imponentes[8], la galaxia M87 solo ha gratificado a los astrónomos (en 1919) con una única supernova identificada.

Volviendo a nuestra Vía Láctea, los 4500 millones de años de edad de nuestra estrella nos indican que la formación estelar ya estaba en declive. Por otra parte, es imposible saber si nuestro Sol procedía de una zona de formación estelar grande o pequeña, como tampoco es posible identificar a los hermanos y hermanas nacidos al mismo tiempo que él. Hace mucho tiempo que ese pequeño mundo se dispersó y

8. Los límites de las galaxias son siempre difíciles de determinar, ya que la densidad de estrellas presentes disminuye rápidamente con la distancia, pero los astrónomos estiman que M87 es casi cinco veces mayor que nuestra galaxia, y puede que hasta doscientas veces más masiva.

navega en solitario por la Vía Láctea. Pero sin embargo tenemos algunas certezas: en el material primitivo que forma los objetos del sistema solar encontramos la traza de una antigua radiactividad hoy desaparecida. El aluminio-26 y el hierro-60 son elementos radiactivos formados durante las explosiones de supernova. Con una esperanza de vida de 720 000 años para el primero y de 2,6 millones de años para el segundo, ambos terminaron de desintegrarse hace mucho tiempo, pero sus productos de desintegración, estables, siguen ahí, como el magnesio-26 o el níquel-60. La detección de tales subproductos nos asegura que, mucho antes del nacimiento del Sol, se produjo en las inmediaciones de nuestra futura estrella al menos una supernova que sembró el medio interestelar. ¿Solamente una? Tal vez no; los astrónomos consideran que podrían haber sido necesarias hasta tres supernovas para explicar todas las trazas de elementos radiactivos desaparecidos, cuyas abundancias relativas no parecen ser compatibles con una única explosión estelar, sea cual sea la masa de la estrella que explotó. La abundancia inicial de estos elementos radiactivos indica que la supernova o supernovas explotaron a menos de cinco años luz del futuro Sol. Esta cifra puede parecer sorprendentemente baja dado el orden de magnitud típico de las distancias interestelares, ya que la vecina más cercana del Sol, actualmente Próxima Centauri, está a 4,25 años luz. Sin embargo, en las maternidades estelares las distancias son mucho menores. Por ejemplo, el corazón de la nebulosa de Orión está iluminado por un grupo de cuatro estrellas masivas denominado informalmente el Trapecio de Orión, y observaciones detalladas indican que en una región de menos de siete años luz de radio alrededor de ellas se están formando más de mil estrellas de poca masa.

5.   La posibilidad de una Tierra

Glóbulos, discos y chorros

Las estrellas se forman a partir de inmensas masas de gas, de
nubes moleculares gigantes. Estas se fragmentan y contraen
(o «colapsan», en la terminología de los astrónomos) en varias etapas, hasta producir un fragmento aislado de algunas
decenas o centenas de miles de millones de kilómetros que
contiene una futura estrella. ¿Fin de la historia? En realidad
no, porque las etapas finales del proceso son complejas y no
se conocen bien del todo. Al cabo de un tiempo, la fuerza
de la gravedad ya no es la única patrona a bordo. Un objeto
aislado en el espacio siempre tiene una rotación residual que
irá en aumento a medida que se contrae. Incluso si gira sobre sí mismo en diez millones de años cuando su extensión
es de un año luz, esta rotación aumenta por un factor de un
millón cuando su tamaño es mil veces menor, de algunos miles de millones de kilómetros. A esas velocidades, la rotación

es más que suficiente para oponerse al colapso. Otra cosa que se amplifica durante la contracción es el campo magnético. Inicialmente muy débil, puede quedar atrapado en la nube y aumentar en las mismas proporciones que la rotación al contraerse la nube, pudiendo entonces oponerse también eficazmente a la contracción. Y eso no es todo. El calor producido por la contracción aumenta inevitablemente la presión reinante dentro de la nube, presión que también es suficiente para detener la contracción. Para seguir contrayéndose, la nube tiene que evacuar ese exceso de rotación, de campo magnético y de calor.

Hasta ahí la teoría, y los astrónomos tardaron mucho tiempo en averiguar más cosas. Las estrellas nacen en el corazón de estas guarderías estelares, naturalmente oscurecidas por el gas y el polvo. Cuanto más avanzada está la contracción del gas, más opaco es este, hasta el punto de ocultar por completo lo que ocurre en su interior. En el primer cuarto del siglo XX, varios astrónomos observan la presencia de pequeñas zonas muy individualizadas y especialmente oscuras, como confetis negros lanzados un poco al azar en las nubes moleculares gigantes; el astrónomo norteamericano Edward Barnard, descubridor de Amaltea (véase el capítulo 1), las cataloga bajo el nombre de «nebulosas oscuras». Tres décadas más tarde, el astrónomo norteamericano de origen neerlandés Bart Bok (1906-1983) y su colega Edith Reilly (1918-1988) sugieren acertadamente que se trata de nubes de gas en avanzado estado de contracción: su masa, mal conocida entonces, puede alcanzar varias decenas de masas solares, pero su tamaño es ya inferior a un año luz, lo cual es muy poco comparado con la diluida inmensidad de las nubes moleculares gigantes de las que proceden. Estos objetos pasan luego a conocerse como glóbulos de Bok, y el nombre de Edith Reilly es olvidado poco a poco por múltiples razones, entre ellas el hecho de que trabajó muy poco en astronomía y probablemente también el de ser mujer, y además discapacitada. Saber qué se trama en el interior de los glóbulos de Bok es difícil debido a su opacidad. Una de las paradojas de estos objetos es que lo opaco no es tanto el gas como las pequeñas cantidades de polvo que contienen (menos del 1 % en masa), que interceptan la luz visible con gran eficacia. Para hacerlos más transparentes hay que estudiarlos con luz infrarroja, cosa que requerirá algunas décadas más de progreso tecnológico. La razón es que la luz infrarroja es eficazmente filtrada por la atmósfera terrestre (sobre ello volveré en otro contexto), lo que dificulta o incluso imposibilita ciertas observaciones astronómicas desde tierra. Así pues, es la posibilidad de enviar instrumentos de observación al espacio lo que permite progresar en este campo, cosa que se consigue en 1983 con el lanzamiento del telescopio norteamericano-neerlandés IRAS[1]. Gracias al recuento de cientos de miles de fuentes de radiación infrarroja, muchas de las cuales se encuentran en nuestra galaxia, IRAS permite sondear el interior de los glóbulos de Bok. Detecta la presencia recurrente de objetos calientes en su interior, así como de una clase de objetos conocidos desde hace tiempo, los objetos Herbig-Haro. Bautizados en honor del astrónomo norteamericano George Herbig (1920-2013) y del astrónomo mexicano Guillermo Haro (1913-1988), tienen la forma de dos chorros que emanan de una zona

---

1. Acrónimo de *InfraRed Astronomical Satellite*, o «satélite para la astronomía infrarroja».

central. Los chorros son bastante rápidos, con velocidades de cientos de kilómetros por segundo, y sobre todo arrojan luz sobre qué es lo que permite la fase final de contracción de la futura estrella, a saber, la evacuación del exceso de energía, de rotación y de campo magnético. Son estas tres magnitudes las que *a priori* hacen imposible la contracción final de la futura estrella. Pero si esta contracción va acompañada de una eyección de materia, aunque sea limitada, esta puede llevarse consigo aquello que hasta entonces impedía que la contracción prosiguiese.

La parte visible de los objetos Herbig-Haro son los chorros, pero estos van acompañados de un disco de materia perpendicular a ellos. La configuración es fácil de entender: la rotación residual de conjunto del glóbulo de Bok privilegia una orientación global, que será la de la rotación de la estrella y la del disco. Pero, por efecto de las colisiones, esta rotación es transmitida al conjunto de la materia. Los elementos de materia que giran en una dirección aleatoria alrededor de la futura estrella tendrán más posibilidades de cruzarse con otros elementos que ya poseen la rotación de conjunto, rotación que estos últimos, por efecto de las colisiones, van a ir transmitiendo poco a poco al resto. A partir de una forma inicial más o menos esférica, el glóbulo de Bok se aplanará progresivamente en sentido perpendicular a su eje de rotación. El disco, muy denso y opaco, impide cualquier eyección de materia en el plano definido por él. Por tanto, la eyección se producirá en dirección perpendicular. Sin embargo, no sabemos exactamente cómo o por qué el chorro está tan eficazmente colimado. Lo que es seguro es que se trata de un fenómeno muy genérico: se produce sea cual sea la masa de la futura estrella, desde las brillantes y masivas de tipo O hasta las más discretas de las enanas marrones. Y el fenómeno no solo se da en las futuras estrellas. Los agujeros negros y otros objetos compactos también están a veces rodeados por un disco de materia que van engullendo poco a poco, pero del que escapan chorros perpendiculares. Las características pueden ser muy diferentes —la masa del agujero negro central es a veces desmesurada, al igual que la velocidad de eyección a lo largo de los chorros—, pero el fenómeno parece obedecer a los mismos principios. Una de las dificultades de los objetos Herbig-Haro es su tamaño relativamente modesto: la cantidad de materia expulsada es relativamente pequeña, y el entorno de la protoestrella es bastante denso, por lo que una distancia de apenas un año luz suele bastar para frenar el chorro, que acaba siendo invisible. Dado que las regiones de formación estelar son relativamente lejanas, estos objetos ocupan en proyección un tamaño extremadamente pequeño en el cielo, hasta el punto de que los telescopios terrestres tienen dificultades para distinguir los detalles, limitados como están por las turbulencias atmosféricas que difuminan las imágenes astronómicas. Solo los telescopios espaciales, como el *Hubble*, aún en funcionamiento, aunque ya envejecido, son capaces de observar algunos de ellos con cierto grado de detalle.

Surcos

Aunque la madre naturaleza aún no nos ha revelado el secreto del proceso, es un hecho que la contracción final de la protoestrella es posible gracias a los chorros, y que todo lo que queda al final es un disco relativamente grueso pero pequeño. Pequeños y opacos, estos discos están fuera del alcance de los telescopios convencionales como el *Hubble*, que solo pueden distinguir su diminuta silueta de tan solo algunos píxeles de ancho en las mejores imágenes. Como estos discos son calentados desde el interior por la futura estrella, una parte de los átomos que contienen se ven despojados de uno o más electrones, lo que les vale el nombre de «proplyd», término formado a partir del inglés «*protoplanetary ionized disk*», es decir, «disco protoplanetario ionizado». Aquí es donde empiezan las cosas realmente serias para los planetas. El estudio de estos proplyds es complicado. Aunque se puede recoger y analizar su luz general —es decir, determinar su espectro—, obtener imágenes directas de los detalles de estos objetos es difícil. Un solo telescopio no es suficiente, debido a una ley fundamental de la óptica: la difracción. La difracción significa que la luz que atraviesa un sistema óptico se altera y pierde inevitablemente nitidez, sobre todo cuando el instrumento es pequeño. En la vida cotidiana es un efecto bien conocido cuando se observan las luces de la ciudad por la noche a través de una cortina muy fina: la luz puntual de las farolas dibuja entonces una cruz al atravesar los intersticios de la cortina. El efecto es menos pronunciado cuando la malla de la tela es más gruesa, pero existe, igual que cuando la luz pasa por el tubo de un telescopio o simplemente se refleja en un espejo, sea cual sea su tamaño. Si queremos ver detalles muy finos, necesitamos un instrumento de dimensiones adecuadas: no se trata solo de recoger mucha luz, como suele ocurrir en astronomía, sino de ver el mayor número de detalles posible, porque la amplitud de la difracción disminuye con el tamaño del instrumento. Para ello es preciso combinar la luz recogida por varios instrumentos, que van como si dijésemos a simular lo que vería un único instrumento del mismo tamaño que toda la red de instrumentos. Por diversas razones técnicas, la cosa es complicada de implementar con telescopios sensibles a la luz visible, pero resulta más factible con radiotelescopios, lo que no es malo en este contexto: la opacidad de los discos protoplanetarios a la luz visible haría relativamente inútiles las observaciones con esa luz, mientras que las ondas de radio revelan mejor lo que ocurre en el interior de estos discos. Pero el asunto sigue siendo terriblemente complejo. Se necesitan varias decenas de radiotelescopios repartidos por una superficie de más de diez kilómetros cuadrados, y sobre todo situados a gran altitud para limitar la cantidad de vapor de agua de la atmósfera terrestre, extremadamente perjudicial para este tipo de observaciones. El *non plus ultra* de estos instrumentos es el observatorio internacional ALMA, situado en Chile a más de 5000 metros de altitud en una meseta del desierto de Atacama, conocido como uno de los lugares más secos del mundo. Fue desde este observatorio desde donde se obtuvieron las primeras imágenes de estos discos en proceso de formación de planetas. La primera de ellas se publicó el 6 de noviembre de 2014, una fecha marcada a fuego por todos los amantes de los exoplanetas, porque la imagen del disco de la estrella objetivo, llamada HL Tauri, es fabulosa.

HL Tauri no es un objetivo elegido al azar. Se encuentra en una región de formación estelar bautizada simplemente como Nube Molecular de Tauro, por el nombre de la constelación a la que pertenece. Esta región es bastante poco activa en comparación con la nebulosa de Orión, situada en una dirección vecina, pero tiene una cualidad innegable:

está mucho más cerca, con una distancia estimada de entre 400 y 450 años luz, es decir, tres o cuatro veces más cerca que su famosa colega. Se trata de una ventaja decisiva, porque los discos protoplanetarios son tan pequeños que necesitan ser observados desde la menor distancia posible para revelar cualquier secreto. La existencia de un disco alrededor de HL Tauri se estableció mediante mediciones infrarrojas realizadas primero en tierra y luego en el espacio en los años setenta y ochenta, resultado corroborado por el hecho de que también se trata de un objeto Herbig-Haro. La estrella central parece tener una masa comparable a la del Sol, pero sobre todo es extremadamente joven, con una edad estimada de menos de un millón de años.

Las observaciones de ALMA hacen inmediatamente pasar a HL Tauri y su disco a la posteridad, porque el disco no tiene en absoluto un perfil de luminosidad uniforme: parece como marcado por varios surcos concéntricos que resulta terriblemente tentador interpretar como la traza de diferentes planetas en formación. Algunos de los procesos que se hallan en marcha son fáciles de entender. Como descubrió empíricamente Kepler a principios del siglo XVII, los objetos giran alrededor de un astro a distintas velocidades en función de su distancia. Por ejemplo, en el sistema solar, Mercurio orbita alrededor del Sol a unos 47 kilómetros por segundo, frente a algo menos de 30 para la Tierra y ni siquiera 5,5 para Neptuno. Si lo que consideramos es, no un grupo de planetas, sino un disco de materia, ocurre lo mismo. Desde un punto del disco, las partículas situadas en una trayectoria ligeramente más interior se mueven más deprisa y, por tanto, nos alcanzan constantemente, mientras que las situadas más hacia el exterior se mueven más despacio y somos nosotros quienes las alcanzamos. Si una región del disco es ligeramente más masiva que el resto, su campo gravitatorio atraerá hacia ella la materia circundante, y como las regiones interiores y exteriores a su trayectoria se mueven a velocidades diferentes, toda la órbita recorrida por esta región ligeramente más densa será barrida y «limpiada» de la materia circundante. Esto es sin duda lo que ALMA observó en HL Tauri y luego, en los años siguientes, en otras estrellas muy jóvenes.

Más allá de su aspecto muy estético, estas observaciones de ALMA son importantes porque nos dicen algo sobre la rapidez del proceso de formación planetaria y, por tanto, sobre el número de planetas. Lo que se sabía es que la mayoría de las estrellas tienen discos protoplanetarios al nacer. Sin embargo, estos discos ya no están presentes al cabo de unos diez millones de años, ya que la radiación de la estrella recién formada los disipa indefectiblemente al cabo de ese tiempo. Eso significa que el tiempo necesario para formar planetas está tasado: si el proceso dura más de diez millones de años, cesará por sí solo por disipación de la materia disponible y no se formará ningún planeta. HL Tauri es una estrella bastante joven, de menos de un millón de años y quizá incluso menos de trescientos mil. En esas circunstancias, la presencia de surcos en su disco demuestra que el proceso de formación planetaria está ya muy avanzado en apenas un millón de años. Esto hace pensar que todas las estrellas, con muy pocas excepciones, tienen tiempo de sobra para formar sistemas planetarios. Así que puede que no haya al menos tantos planetas como estrellas, como anunciamos en el capítulo 2, ¡sino tantos sistemas planetarios como estrellas!

Crecimiento enigmático

Así pues, los planetas parecen capaces de formarse rápidamente, pero ¿exactamente a través de qué procesos? Aquí es
donde asoma uno de los mayores misterios de su formación.
Al principio, las nubes moleculares gigantes son inmensas y muy diluidas. Aparte del gas, la única materia sólida
que pueden contener son granos de «polvo» (en realidad,
fragmentos de roca) de tamaño microscópico. La situación
apenas cambia durante la fase final del proceso de colapso
de la estrella: esta, muy caliente, se encarga de vaporizar una
parte del fino polvo presente. Por tanto, casi todo está en
forma de gas cuando la estrella comienza su vida, pero las
cosas evolucionan rápidamente después. La estrella recién
formada es más fría que la estrella en formación, por lo que
la temperatura del disco tiende a disminuir. A continuación
van a condensarse las distintas especies que componen el
disco, a ritmos diferentes según su naturaleza y la distancia
a la estrella. Lejos de ella, el agua puede empezar a condensarse en hielo, pero más cerca de ella solo se condensarán
los compuestos de naturaleza rocosa. Inicialmente, estos
condensados son de tamaño microscópico, pero van a tener
la posibilidad de crecer en el transcurso del tiempo. Su masa
es muy pequeña, por lo que si se atraen no es bajo el efecto
de su campo gravitatorio. Pero al chocar, o simplemente
como resultado del rozamiento con el gas circundante, van
a arrancar o ceder electrones a su entorno. Como los objetos que tienen carga eléctrica se atraen mutuamente, los
granos pueden acercarse y juntarse rápidamente unos con
otros, dando lugar a objetos de tamaño milimétrico, luego
de tamaño centimétrico, luego decimétrico... y ahí se acabó.

Porque la eficacia del proceso disminuye rápidamente. La capacidad de dos granos para pegarse uno a otro resulta de sus propiedades de adhesión, que es proporcional a su superficie. Pero para que se queden pegados uno al otro es necesario también que absorban el choque que se produce a su encuentro, cuya energía es proporcional a su masa y, por tanto, a su volumen. Cuando un grano crece, su superficie aumenta, pero su volumen aún más: si multiplicamos por dos el tamaño de un grano, la superficie se multiplica por cuatro y el volumen por ocho. En consecuencia, parece bastante complicado fusionar granos de más de unas decenas de centímetros. Esta «barrera del metro», como la llaman los astrónomos, es la mayor incógnita en el proceso de crecimiento de los planetas. Porque luego, una vez que los granos alcanzan un tamaño del orden del kilómetro, es la fuerza de la gravedad la que toma el relevo. Y nada impide que el crecimiento prosiga mediante fusiones sucesivas. Pero en cuanto a cómo pasar del metro al kilómetro, los astrónomos no tienen ni idea.

Y no es por no haberlo intentado, pero el problema es difícil. Por ejemplo, es imposible llegar a una conclusión basándose en experimentos: observar cómo se encuentran y se adhieren una a otra rocas de varias decenas de kilogramos de peso en el vacío del espacio y en ausencia de gravedad es pura y simplemente imposible en el laboratorio. Hay argumentos teóricos a favor de tal o cual proceso, pero siempre se tropieza con alguna dificultad. Por ejemplo, se ha propuesto que el gas aún presente en el disco frena ligeramente el movimiento de los granos, obligándolos a caer en espiral hacia la estrella central. Y se verían tanto más frenados cuanto más se acerquen a la estrella, creando un cuello de botella que favorecería su acumulación y sus encuentros mutuos. Pero esto solamente funcionaría para objetos relativamente cercanos a la estrella. Es cierto que existen sistemas exoplanetarios de esas características, extremadamente compactos, como Kepler-11, con cinco planetas bastante masivos (de dos a trece veces la masa de la Tierra) situados como mucho a una cuarta parte de la distancia de la Tierra al Sol; pero están lejos de ser la norma, ya que probablemente no constituyen más que el 10 % de los sistemas conocidos. Alternativamente, el disco podría estar agitado por movimientos turbulentos, con la formación local de remolinos, en el centro de los cuales los granos podrían acumularse y juntarse a baja velocidad y fusionarse fácilmente a pesar de su gran tamaño. Pero por diversas razones, estas hipótesis, y muchas otras que se han propuesto, chocan con diversos contraargumentos, por lo que es difícil saber si tal o cual hipótesis en particular es viable.

Señal de la perplejidad de los astrónomos, se han formulado recientemente algunas propuestas especialmente audaces. La más exótica viene sin duda del gran descubrimiento astronómico de 2017. En un capítulo anterior dije que jamás nos sería posible llegar a las estrellas, ni siquiera a las más cercanas. Es cierto, pero eso no impide que las estrellas vengan a nosotros de vez en cuando, no con visitantes extraterrestres en naves espaciales futuristas, sino en la forma de simples rocas que navegan por el espacio interestelar. El proceso de formación de planetas es probablemente bastante ineficaz, en el sentido de que una gran parte de la masa del disco (entre el 90 y el 99 % según las estimaciones) es probablemente eyectada del sistema. Explicaré por qué unos párrafos más abajo, pero el hecho es que la materia que es expulsada de una estrella en formación es otra tanta materia que navega anónimamente a través de la inmensidad helada de nuestra Vía Láctea. ¿Exactamente cuánta masa? Eso depende de la de los discos, que hay que multiplicar por el número de estrellas que se han formado rodeadas de un disco de materia, probablemente cientos de miles de millones. Otra incógnita en el proceso es el número de objetos. Cuando el contenido de estos discos es expulsado, ¿consiste en un pequeño número de objetos grandes, o en un gran número de objetos pequeños? Dependiendo de la respuesta, el número de visitantes interestelares que se acercan al Sol cada año difiere drásticamente, oscilando entre una fracción totalmente insignificante y una miríada de objetos. Lo único cierto es que, en todos los casos, estos objetos serán especialmente difíciles de observar: si son grandes pero poco numerosos, la frecuencia de sus visitas hace que quizá nunca los veamos; si son numerosos y omnipresentes pero muy pequeños, será su escaso tamaño lo que los hará invisibles. En diciembre de 2017 se dio un primer paso hacia la respuesta con el descubrimiento del enigmático 'Oumuamua por el telescopio Pan-STARRS, situado en la cima del Haleakalä, un volcán inactivo del archipiélago hawaiano en el Pacífico. Es a este lugar de descubrimiento al que 'Oumuamua debe su nombre, que significa «primer mensajero lejano» en la lengua local. Pan-STARRS es un telescopio de funcionamiento bastante atípico para la idea que el público pudiera hacerse de él. Su objetivo es escanear continuamente la mayor región posible del cielo en busca de fenómenos transitorios, como explosiones estelares o el paso de asteroides y cometas cerca de la Tierra. De este modo, cualquier fenómeno fugaz puede ser detectado por el telescopio, cuyas imágenes se comparan inmediatamente con otras más antiguas de la misma zona del cielo. Fue así como Pan-STARRS descubrió un objeto con una trayectoria única, ya que si bien en el momento de su descubrimiento se encontraba a menos de 200 millones de kilómetros del Sol, su velocidad era tal que partía para alejarse indefinidamente de él, como las sondas *Voyager* o *Pioneer*. Y en esas circunstancias las leyes de la mecánica celeste nos aseguran que ese objeto procede también de fuera del sistema solar. Se trata, por tanto, de un «objeto interestelar» en el sentido más estricto de la palabra, el primero de este tipo jamás descubierto[2]. Como fue hallado después de haber pasado muy cerca de la Tierra y mientras se alejaba de ella a gran velocidad, 'Oumuamua solo pudo ser estudiado durante un tiempo muy corto, demasiado corto en cualquier caso para revelar todos sus secretos, lo que automáticamente dio pábulo a algunas fantasías («¿Y si este objeto fuera artificial, enviado intencionadamente al sistema solar?»), ampliamente difundidas por investigadores y editores necesitados de notoriedad. Pero menos de dos años después el astrónomo aficionado ucraniano Guennadi Borisov (nacido en 1962) descubrió otro objeto interestelar, aunque utilizando un equipo muy potente para un aficionado. Nada de particular en este objeto, que tiene todas las características de un cometa… solo que se limitó a atravesar el sistema solar a gran velocidad antes de marcharse de nuevo para siempre. Bautizado lógicamente como 2I/Borisov, demuestra que los objetos interestelares no son tan raros (¡y 100 % naturales!) y que si hemos tenido que esperar hasta

---

2. Su nombre oficial es 1I/'Oumuamua, la I de «interestelar» y el 1 por ser el primer representante de esta categoría de objetos.

finales de la década de 2010 para descubrirlos ha sido por las dificultades inherentes a su detección.

Así pues, si los objetos interestelares son frecuentes, tal vez desempeñen un papel en la formación de planetas. Los objetos interestelares, al atravesar un disco protoplanetario, podrían actuar como núcleos de condensación y contribuir a la formación de objetos de tamaño kilométrico, a un ritmo nada desdeñable. Aunque las estadísticas sobre estos objetos interestelares son muy limitadas, el hecho de que se haya descubierto dos de ellos con menos de dos años de diferencia y el hecho de que 'Oumuamua haya sido detectado con mucha suerte, justo antes de hacerse invisible, todo ello contribuye a estimar que en realidad hay decenas de objetos interestelares que «rozan» el Sol cada año a una distancia inferior a la que lo separa del planeta Marte. Multipliquemos esta cifra por algunos millones —el número de años que subsiste el disco protoplanetario— y obtenemos unas condiciones que podrían dar un verdadero empujón a la formación de planetas. Por supuesto, el proceso no puede depender solo de esto: antes del nacimiento de una estrella tiene que haber habido sistemas planetarios en formación que expulsaran objetos interestelares. Pero no hay que descartar que este proceso haya contribuido a facilitar, o al menos a favorecer, la formación de planetas en tiempos recientes.

Juventud dulce o violenta

Dejando a un lado la barrera del metro, los astrónomos creen saber cómo pueden ocurrir las cosas, en gran parte gracias al trabajo pionero del científico soviético Viktor Safronov (1917-1999). Durante mucho tiempo, sus investigaciones, publicadas exclusivamente en ruso, permanecieron inéditas para los investigadores occidentales, hasta que una de sus obras fue traducida al inglés en 1972. Safronov fue el primero en esbozar las siguientes fases. Se formaron por tanto (no se sabe cómo) montones de pequeños cuerpos de tamaño kilométrico: los planetesimales, que mediante colisiones sucesivas van a formar objetos cada vez más grandes que se convertirán en planetas. Sin embargo, queda aún mucho por hacer, porque el número de planetesimales necesarios para formar un planeta como la Tierra es gigantesco: billones de ellos. Imposible imaginar que la Tierra sea el resultado de semejante número de colisiones, que tendrían que producirse en el plazo disponible (unos diez millones de años), ya que eso exigiría una colisión cada cinco minutos. La forma más natural de pasar de un sinfín de objetos pequeños a unos cuantos grandes es la fusión jerárquica: los planetesimales se fusionan de dos en dos, luego los objetos resultantes se vuelven a fusionar de dos en dos, y así sucesivamente. Con cada iteración, el número de objetos se reduce a la mitad y sus masas individuales se duplican. Este es el contexto general, pero los detalles del proceso no emergerán sino poco a poco, mientras que la ideología se va a inmiscuir involuntariamente en la discusión científica. El azar hará que algunos planetesimales estén situados en zonas donde estos sean más numerosos. Algunos crecerán por tanto más deprisa que otros en el proceso de fusiones sucesivas. Pero ¿hasta qué punto? Cabría pensar que, al vaciarse poco a poco su reserva de planetesimales, aquellos que hubieran tenido un crecimiento precoz y rápido verían frenado su crecimiento por falta de material disponible para alimentarlos. Otros planetesimales que hubieran iniciado más lentamente su crecimiento se unirían luego a ellos, permitiendo a cada planetesimal superviviente adquirir una masa comparable a la de sus semejantes. Pero también se podría argumentar que cuanto más grande es un planetesimal, mayor es su zona de influencia gravitatoria y más probable es que capture objetos más pequeños. En este caso, cuanto más grande es, más rápido crece. Si he dicho que la ideología se inmiscuyó un poco en el debate, es porque los partidarios de un crecimiento más bien «igualitario» son de la escuela soviética, con Safronov a la cabeza, mientras que los partidarios de lo que se calificará de «crecimiento oligárquico» son investigadores norteamericanos, quizá más inclinados a favorecer (o a no rechazar) una hipótesis en la que los planetesimales no son todos iguales y en la que el crecimiento de algunos se produce en detrimento de los demás...

Posteriormente, cálculos más detallados y otras simulaciones numéricas dan la razón a la escuela norteamericana: los más rápidos al principio son los mejor dotados al final. Pero con muchos matices. Las colisiones entre planetesimales conducen a veces a su fusión, pero a veces también a su dislocación cuando la velocidad de colisión es demasiado grande y la energía de la colisión es suficiente para romper los planetesimales. La exploración espacial nos ha proporcionado recientemente varias situaciones de este tipo. La sonda japonesa *Hayabusa* («halcón peregrino» en japonés), lanzada en 2003, tenía como misión estudiar de cerca el asteroide Itokawa e intentar traer de vuelta algunas muestras. Itokawa, un objeto muy pequeño (menos de 600 metros en su dimensión mayor), resultó ser un agregado de piedras y bloques de todos los tamaños (desde varios metros hasta menos de un milímetro), que claramente procedían del reagrupamiento de escombros de colisiones pasadas. Itokawa es por tanto un «aglomerado suelto», por utilizar su nombre oficial, aunque los propios científicos utilizan más a menudo el término «pila de escombros», siguiendo la terminología anglosajona, que denomina estos objetos *«rubble pile»*. En los últimos años se han estudiado detenidamente otros asteroides «pila de escombros». Entre ellos está Ryugu, visitado recientemente por la sonda japonesa Hayabusa 2 y Bennu, visitado por su *alter ego* norteamericano *Osiris-Rex*. Por otro lado, el horizonte de los planetesimales no solo es fusionarse con sus congéneres. Los encuentros cercanos pero sin colisión entre planetesimales alteran sus órbitas, lo mismo que la presencia, incluso lejana, de objetos de mayor tamaño. En ese sentido no hay ninguna garantía de que los planetesimales vayan a permanecer indefinidamente alrededor del Sol. Muchos de ellos acabarán en el Sol o, más frecuentemente, serán expulsados del sistema: la formación de planetas genera muchos residuos y, en esas condiciones, es bastante afortunado que los discos protoplanetarios sean tan masivos. Si al principio hubieran estado dotados de una masa comparable a la de Júpiter (cuya masa es superior a la de todos los demás planetas juntos), el sistema solar actual sería muy diferente y, sobre todo, mucho más magro.

Pero si los planetas se forman por la fusión de planetesimales, ¿cómo se forman los planetas gaseosos? Lo descrito en los párrafos anteriores se aplica a todos los tipos de planetas. Inicialmente lo que se forma es un núcleo exclusivamente rocoso. El gas no puede acumularse por sí solo; necesita un sustrato sólido que lo capte, y que lo haga de forma muy eficiente. Para formar un planeta gaseoso se necesita roca, pero no necesariamente mucha. Una vez formado un objeto del tamaño de Marte, eso basta para atraer hacia él el gas circundante. Sin embargo, el gas se distribuye de manera no uniforme alrededor de la joven estrella. Cerca de ella, su radiación expulsa el gas. Por tanto, este se acumulará más lejos de la estrella, más allá de lo que los astrónomos llaman la «línea de hielo» (o de congelamiento, de nieve o de congelación), donde la temperatura es permanentemente baja. Es más allá de este límite donde se formarán los planetas gaseosos. Pero hay un punto intrigante: ¿cómo es que estos planetas son tan masivos? Si Júpiter domina a todos los demás planetas en términos de masa, ¿cómo es que ha podido acumular tanta masa, cuando esta debería estar distribuida de forma bastante uniforme en el disco? Es una pregunta que trajo durante mucho tiempo de cabeza a los astrónomos y cuya respuesta definitiva llegó con el descubrimiento de 51 Pegasi b: los planetas migran. El fenómeno es multifactorial, pero a pesar de ello es posible comprender intuitivamente lo que ocurre. Cuando se forma un embrión de planeta, este puede limpiar rápidamente su órbita del gas contenido en ella, pero sigue rodeado por el disco de gas por el que circula, disco que va a deformar a su paso, ya que el planeta y el disco orbitan alrededor del Sol a velocidades diferentes. Las interacciones entre el joven planeta y el disco son complejas, pero al final le es prácticamente imposible al planeta mantener su posición: el radio de su órbita disminuirá o aumentará, según los casos, dándole la oportunidad de atraer cantidades mucho mayores de gas, porque a medida que migra va a barrer una zona mucho mayor del disco. Este fenómeno de migración puede tener consecuencias catastróficas, porque en algunos casos puede amplificarse con el tiempo, acelerándose la migración. Los planetas gaseosos que se forman lejos de la estrella pueden acercarse considerablemente a ella, hasta el punto de rozarla. Este es exactamente el caso de 51 Pegasi b, que se encuentra ahora a menos de 10 millones de kilómetros de su estrella, aunque probablemente se formó decenas de veces más lejos. Y a la inversa, algunos exoplanetas se encuentran sorprendentemente lejos de su estrella, a una distancia que supera con mucho la extensión de los discos protoplanetarios conocidos. También en este caso es difícil imaginar que estos planetas se formaran *in situ*. Sin duda también ellos sufrieron un fenómeno de migración, pero esta vez hacia afuera. Lo importante en todos los casos es que la escala temporal de la migración es corta: menos de un millón de años. Esto permite a los planetas gaseosos adquirir mucha masa en el tiempo de que disponen, es decir, antes de que se disipe el disco. A este respecto, el sistema solar presenta un aspecto singular: todos los planetas gaseosos se encuentran más allá de la línea de hielo y ninguno está muy lejos de ella, como si el fenómeno de migración no se hubiera producido nunca. La realidad es probablemente mucho más sutil, pero el hecho es que la configuración que muestra ha hecho dudar durante mucho tiempo a los astrónomos de la realidad del fenómeno de la migración planetaria, a pesar de haber sido formulado hace tiempo por el norteamericano Peter Goldreich (nacido en 1939) y el canadiense Scott Tremaine (nacido en 1950) desde finales de los años setenta, basándose en trabajos muy anteriores del sueco Bertil Lindblad (1895-1965), un cuarto de siglo antes. Solo la aceptaron sin reservas cuando los astrónomos tuvieron la prueba directa de la realidad de las migraciones planetarias con 51 Pegasi b.

Como las migraciones planetarias son rápidas, también lo es el crecimiento de los planetas gaseosos: en el caso de Júpiter, el asunto parece haber quedado liquidado en menos de cinco millones de años. Pero para los planetas rocosos la historia ha sido mucho más larga, a pesar de ser mucho menos masivos. Formados más cerca del Sol, estos planetas no están sometidos al fenómeno de la migración, que de todos modos no necesitan, ya que, a las distancias a las que se encuentran del Sol, no hay nada que ganar migrando porque no hay gas que capturar. Como los planetas rocosos se forman exclusivamente por colisiones de planetesimales y otros embriones planetarios cada vez más masivos y cada vez más raros, el proceso es inevitablemente más lento. Se estima, por ejemplo, que la fase final del crecimiento de la Tierra tuvo lugar mediante colisiones sucesivas entre una docena de planetoides del tamaño de Marte. Estos, al igual que los que contribuyeron a formar los demás planetas rocosos, tardaron probablemente unos diez millones de años en formarse. Al cabo de este tiempo, la parte más interna del sistema solar estaba por tanto formada por algunas decenas de estos objetos, y casi nada más. Solo faltaba que este pequeño mundo se fusionara para formar un reducido número de planetas. En el vacío que reinaba en el sistema solar, no era cosa fácil. Parece incluso imposible, habida cuenta de la gran distancia que separaba a los embriones planetarios (decenas y decenas de millones de kilómetros). Pero la madre naturaleza tiene recursos y va a recurrir a un fenómeno del que aún no hemos hablado: las resonancias.

Los embriones planetarios son demasiado poco numerosos como para que tropiecen unos con otros «por casualidad», pero demasiado numerosos para que su influencia mutua sea despreciable. Bajo el efecto de la fuerza de la gravedad, es el Sol, en una primera aproximación, el que lleva la voz cantante: todos giran a su alrededor. Pero, mirando más de cerca, todos los embriones planetarios sienten también la débil influencia gravitatoria de sus congéneres. En periodos de años, siglos o milenios, esta influencia es demasiado débil para desempeñar el más mínimo papel. Pero en periodos mucho más largos, los protoplanetas forman un sistema más complejo en el que va tomando gradualmente forma un sutil *ballet*. Lenta, pero inexorablemente, las órbitas de los distintos objetos influyen unas en otras. Inicialmente circulares, se deforman en elipses que se alargan también lenta pero inexorablemente, lo suficiente para que la órbita de un protoplaneta pueda cruzarse con la de otro. Y en ese caso, las posibilidades de encuentros cercanos aumentan drásticamente. Un encuentro cercano provocará una colisión o distorsionará aún más la órbita de uno al menos de los dos protoplanetas (el menos masivo de los dos), dándole la oportunidad de cruzar la órbita de un número cada vez mayor de protoplanetas. En este juego de billar gravitatorio, cada protoplaneta tiene tres posibilidades: o colisionar con otro, o estrellarse contra el Sol o simplemente ser expulsado del sistema solar. Es difícil adivinar en qué proporciones se darán estos resultados, pero las simulaciones numéricas que toman como condiciones iniciales lo que se cree que era el sistema solar con 10 millones de años de antigüedad[3] indican que las colisiones son mayoritarias, produciéndose en el 50-75 % de los casos: de algunas decenas de protoplanetas,

---

3. Es decir, con planetas gigantes que no han migrado en dirección al Sol y que han permanecido cerca de su lugar de formación.

se acaba con unos cuantos planetas rocosos, normalmente entre dos y cuatro. Nuestro sistema solar está, pues, «encarrilado» hacia esta última etapa, que finalmente resulta ser bastante larga: entre cincuenta y cien millones de años. Es solo al final de este período cuando la Tierra ha adquirido su masa definitiva, o algo muy parecido.

Y fue la Luna

La formación de los planetas rocosos puede resumirse así en una serie de colisiones cada vez más titánicas, cuyos estigmas se echan de ver en la mayoría de las superficies planetarias sólidas. Los cráteres son algo omnipresente, ya sea en la Luna, Mercurio, los asteroides o la mayoría de los satélites helados de los planetas gigantes. Sin embargo, se tardó mucho tiempo en aceptar el origen de todos estos cráteres como vestigios de impactos. De hecho, hasta finales del siglo XIX, nadie imagina que el origen de los cráteres lunares sea otro que volcánico. No es sino en 1892 cuando el geólogo norteamericano Grove Gilbert (1843-1918) expone numerosos argumentos en contra de esa hipótesis, en un trabajo tan notable como caído inmediatamente en el olvido. La hipótesis del origen cósmico de los cráteres lunares no tomó realmente forma hasta los años cincuenta, cuando se desarrollan los primeros estudios modernos sobre la formación planetaria, iniciados entre otros por Safronov. Uno de los puntos difíciles en el debate es la forma de los cráteres: si son debidos a impactos, el ángulo con que el objeto golpea la superficie será bastante arbitrario, y los astrónomos esperarían que la forma del cráter creado delatara ese hecho:

un impacto vertical puede sin duda formar un cráter circular, pero un impacto rasante debería formar un cráter más alargado. Sin embargo, casi todos los cráteres son circulares, lo que parecería invalidar la hipótesis del impacto. La situación no cambia hasta más de medio siglo después, de la mano del norteamericano Ralph Baldwin (1912-2010), quien observa que los pequeños cráteres lunares se parecen mucho más a agujeros de proyectiles que a estructuras volcánicas terrestres. Los proyectiles y otros artefactos que explotan en el suelo inciden con una trayectoria inclinada, pero eso no impide que el agujero creado por la explosión sea circular. Esto se debe simplemente a que el efecto de la explosión disminuye con la distancia al punto de impacto. Que el impactador tenga o no una velocidad lateral respecto al suelo no cambia nada, lo único que cuenta es que la energía se libera instantáneamente en el punto de impacto, independientemente de la trayectoria del impactador. El único punto débil del razonamiento de Baldwin es la escala del fenómeno. Los cráteres de impacto, especialmente los visibles desde la Tierra, son a veces gigantescos comparados con simples agujeros de proyectil, porque la energía que los creó (proporcional a la masa del impactador) es incomparablemente mayor. Lo ideal para comprobar esta idea sería verificarla con una explosión de la mayor potencia posible, lo que la Guerra Fría hizo posible con bastante prontitud: algunas pruebas nucleares realizadas durante este periodo demuestran que las explosiones de gran potencia en el suelo o a poca profundidad forman cráteres en forma de cuenco, exactamente iguales que los pequeños cráteres lunares. La palma de esta «verificación experimental» se la lleva la prueba nuclear norteamericana llamada Storax Sedan, realizada en julio de 1962: formó un cráter de 100 metros de profundidad y 390 metros de diámetro, clasificado hoy como monumento histórico al otro lado del Atlántico.

Los cráteres son por tanto el resultado de impactos, y como los propios impactadores son el resultado de la fusión progresiva de planetesimales de pequeño tamaño, hay muchos más impactadores pequeños que grandes. En consecuencia, predominan los cráteres pequeños, porque los más grandes, a menudo más antiguos, están parcialmente recubiertos por otros más pequeños y más recientes. En lo que se refiere a los ejemplares más grandes, la Luna está bien surtida: el Mar de las Lluvias es una vasta y oscura zona circular situada en el centro del hemisferio visible de nuestro satélite, en la parte norte. Con un diámetro de más de 1100 kilómetros, es uno de los mayores vestigios de impacto de todo el sistema solar, aunque, más lejos de nosotros, la cuenca Caloris en Mercurio (1550 kilómetros) y la cuenca Hellas en Marte (2100 kilómetros) lo sobrepasan con creces. Estas inmensas estructuras no reciben ya el nombre de cráteres, sino de cuencas de impacto, porque no tienen en absoluto la forma ahuecada de los pequeños cráteres, sino un fondo relativamente plano: la energía del impacto se propaga no tanto en profundidad como lateralmente, a lo que se añade la plasticidad adquirida por las rocas durante el impacto, lo que les permite comportarse más bien como un fluido cuya superficie tiende a buscar más o menos la horizontal del lugar. En el caso de la Luna la situación se verá reforzada por el vulcanismo, que fisura el suelo en muchos lugares, de donde saldrán inmensas cantidades de lava que llenarán las zonas bajas del satélite, entre ellas las grandes cuencas de impacto. Estos derrames de lava, de un color más oscuro que el resto de las rocas lunares, dan visibilidad a algunos de los más grandes «mares» lunares (como se les conoce oficialmente), entre ellos el Mar de la Lluvia y el Mar de la Tranquilidad, el lugar de alunizaje de la misión *Apolo 11*.

Pero la mayor cicatriz de todo el sistema solar se encuentra una vez más en nuestro satélite. No se trata de la cuenca del Polo Sur-Aitken, que, como su nombre indica, abarca el Polo Sur de la Luna. Esta cuenca no es muy visible, ya que su antigüedad la ha ido borrando poco a poco con innumerables impactos ulteriores de menor tamaño, aunque con sus 2500 kilómetros de diámetro supera a todos sus rivales. Pero no es ese el vestigio al que nos referimos. Se trata de la propia Luna. Nuestro satélite es en efecto un caso especial en la vasta zoología de los satélites del sistema solar. Ciertamente no es el más grande (lo superan Titán, satélite de Saturno, así como tres de los grandes satélites de Júpiter, a saber, Ganímedes, Ío y Calisto), pero comparado con el tamaño o la masa de su planeta, no tiene parangón. Con un diámetro de 3500 kilómetros, es solo tres veces y media más pequeño que la Tierra, y ochenta y una veces menos masivo, una relación bastante pequeña en comparación con la de los satélites más masivos de los demás planetas: es de más de 4000 para las parejas Neptuno-Tritón y Saturno-Titán y supera 12 000 para Júpiter-Ganímedes. De todos los planetas del sistema solar, solo hay una pareja que se aproxima a esa cifra: Plutón y su satélite principal, Caronte, del que hablaremos en breve. Los astrónomos han investigado mucho sobre qué procesos podrían haber ayudado a la Tierra a adquirir un satélite tan imponente, pero en vano, a excepción de una única hipótesis: la de un impacto gigantesco. Ya dije que la

Tierra se formó por la fusión de una decena de planetoides del tamaño de Marte, y que fue de una de estas colisiones, probablemente la última, de la que nació la Luna.

Incluso cuando los impactos dan lugar a la fusión de los cuerpos que chocan, la colisión genera una gran cantidad de escombros de reducido tamaño. La mayor parte acaba cayendo sobre el objeto formado, mientras que el resto es expulsado. Solo una pequeña parte de estos restos tiene una trayectoria que le permite satelizarse alrededor del objeto, pero así es como se formó la Luna, tras un impacto entre la futura Tierra y un objeto del tamaño de Marte, bautizado con el nombre de Theia. No se sabe gran cosa de este objeto, ni si se formó cerca de la Tierra o mucho más lejos. Lo único que podemos intentar reconstruir son sus características generales y, sobre todo, la cinemática de su colisión. Si Theia hubiera colisionado frontalmente con la Tierra, habría sido absorbida íntegramente, a excepción de unos cuantos escombros, algunos de los cuales habrían caído de nuevo a la Tierra y otros se habrían alejado hacia el infinito. Para formar un objeto tan masivo como la Luna tras una colisión, esta tuvo que haber sido rasante, de modo que produjese un máximo de escombros con trayectorias lo más amplias posible. Al chocar contra la Tierra a una velocidad de 28 000 kilómetros por hora como mínimo, se supone que Theia se desintegró en gran parte, a excepción de su núcleo metálico, solamente deformado, signo de solidez que luego causaría su pérdida: frenado por el impacto inicial, se supone que solo se alejó ligeramente de la Tierra antes de volver a caer definitivamente sobre ella. Solo una pequeña parte de él, separada del resto por el impacto, continuó su ruta alrededor de la Tierra. La mayor parte del resto de Theia habría sido absorbida por nuestro planeta; una pequeña fracción (quizás el 5 o el 10% de su masa) conseguiría satelizarse, llevándose consigo una cantidad comparable de la envoltura superficial de la Tierra. En pocos días, o años como máximo, según las simulaciones, todo ello habría formado fugazmente un anillo planetario temporal que luego se agregó en un único astro, la Luna.

No es seguro que este escenario sea cierto, pero a falta de versiones rivales viables sigue siendo el único en liza. Sobre todo explica muchas cosas. Si la Luna tiene una densidad inferior a la de la Tierra, se debe en gran parte a que la masa de su núcleo metálico es pequeña, lo que, según las simulaciones numéricas, es el resultado natural de un impacto: a raíz de este, el cuerpo satelizado está compuesto en su mayor parte por las envolturas superficiales rocosas de los dos cuerpos originales, mientras que el núcleo metálico del impactador es absorbido en su mayor parte. El impacto también explica la asombrosa similitud de la composición de la Luna y de la Tierra, que habría sido difícil de explicar si la Luna se hubiera formado lejos de la Tierra y hubiera sido posteriormente capturada por ella. Además, el impacto explica por qué el eje de rotación de la Tierra no es perpendicular al plano de su órbita. Esta inclinación —que explica las noches polares y el sol de medianoche, y que ritma el ciclo de las estaciones— se explica fácilmente en el caso de un impacto rasante: el impactador habría sido lo suficientemente masivo como para inclinar pura y simplemente el eje de rotación de la proto-Tierra unos veinte o treinta grados. Y por último, los análisis de las rocas lunares traídas por las misiones *Apolo* revelaron que eran más pobres en agua y gas que sus equivalentes terrestres. Esto podría explicarse aquí por el hecho de que, tras el impacto, la Luna y la joven Tierra se licuaran y luego desgasificaran gran parte de estos elementos volátiles, pero la Tierra, con su mayor masa y su mayor campo gravitatorio, los pudo mantener cautivos antes de incorporarlos de nuevo, mientras que la Luna no pudo hacer lo propio.

Por supuesto, también hay razones para pensar que esta hipótesis no lo explica todo. Por ejemplo, la mezcla de materiales de la Tierra y Theia no pudo ser perfecta, por lo que la Tierra y la Luna deberían tener más diferencias de las que se observan. Pero son problemas que se consideran menores y que una modelización más fina debería *a priori* poder resolver. Después de todo, existe una gran variedad de escenarios de impacto en los que se puede variar la masa y la composición química de los dos cuerpos, la geometría de la colisión y algunos otros parámetros, y todo ello proporciona una gran variedad de resultados posibles, no todos los cuales han sido explorados, ya que estos impactos gigantes son notablemente difíciles de modelizar. Existen muchas otras trazas indirectas de impactos gigantes en el sistema solar, numerosas hasta el punto de ser casi omnipresentes. La cosa comienza con Mercurio, el más pequeño de los planetas, pero también el más denso, en igualdad con la Tierra. Pero tal igualdad revela muchas diferencias. La densidad de un astro depende tanto de su composición como de su masa: cuanto más masivo es, más materia será comprimida por el intenso campo gravitatorio que posee. Si dos planetas con masas muy diferentes, como la Tierra y Mercurio (que es dieciocho veces menos masivo) tienen la misma densidad, esto significa que Mercurio tiene proporcionalmente mucha menos roca y mucho más metal, algo que los modelos de formación planetaria son incapaces de reproducir. La explicación más natural es que Mercurio, al igual que la Tierra, sufrió un impacto gigante en el que el impactador lo enriqueció en metales pero lo empobreció en rocas; la materia eyectada no conseguiría esta vez satelizarse alrededor de él, bien porque la configuración del impacto no lo permitiera, bien por otra razón que veremos en el próximo capítulo.

Mucho más lejos de nosotros, Urano tiene una propiedad extraordinaria: su eje de rotación está prácticamente contenido en el plano de su órbita, lo que resulta tanto más sorprendente cuando se tiene en cuenta que está compuesto en su mayor parte de gases que deberían girar alrededor del planeta según el mismo eje de giro que alrededor del Sol. La explicación propuesta es la misma que para la Tierra: un impacto, posiblemente aún más espectacular, habría inclinado completamente el eje de rotación. Aún más lejos, el planeta enano Plutón tampoco se libró. Descubierto en 1930 por el norteamericano Clyde Tombaugh (1906-1997), Plutón fue considerado inicialmente un planeta, posiblemente comparable en tamaño y masa a Urano y Neptuno, antes de que los astrónomos se dieran cuenta de que es un objeto mucho más pequeño, inferior en tamaño y masa a la Luna. Por esta y otras razones, los astrónomos deciden en 2006 despojar a Plutón de su estatus de planeta en favor de una nueva categoría, la de los planetas enanos, objetos lo bastante grandes como para ser esféricos pero no lo bastante masivos como para dominar en términos de masa la región barrida por su órbita. La cosa es vivida al otro lado del Atlántico como un pequeño drama: algunos norteamericanos lamentan la pérdida de «su» planeta, descubierto por uno de sus compatriotas. En cualquier caso, Plutón es un objeto de gran riqueza, entre otras cosas por su satélite principal, Caronte, descubierto solamente en 1978 por el norteamericano James Christy (nacido en 1938). Junto con Plutón, forma un sistema aún más apretado y sobre todo más igualitario que el de la Tierra y la Luna, con una relación de masas de solo 9. Pero, al igual que en el sistema Tierra-Luna, existe una diferencia de densidad entre los dos astros, siendo Caronte, el más pequeño, también el menos denso. Una vez más, tal configuración se explica naturalmente por un impacto gigante, y si los dos objetos son esta vez de masa tan parecida es porque la colisión que los originó tuvo lugar entre objetos de masa más parecida y con una velocidad menor. En efecto, las trayectorias lejos del Sol son mucho más lentas: Plutón orbita alrededor de nuestra estrella unas seis veces más despacio que la Tierra. Las velocidades relativas entre impactadores son por tanto menores, al igual que la energía de la colisión; esto permite que el sistema sobreviva más fácilmente a una colisión, incluso cuando los dos objetos son de masa equiparable, lo que a su vez permite que se forme una pareja menos asimétrica al término de la colisión.

Se cree que la Luna se formó con el último impacto sufrido por la Tierra, porque es muy probable que un impacto ulterior hubiese desestabilizado una pareja planeta-satélite preexistente. Como los planetas rocosos se forman más lentamente que sus homólogos gaseosos, no es imposible que la formación de la Luna fuera el último acontecimiento importante en la infancia del sistema solar. Por lo tanto, el grueso de la obra está ya concluida en ese momento, probablemente entre 50 y 100 millones de años después del nacimiento del Sol, es decir, hace entre 4500 y 4450 millones de años. Quedan ahora solo por perfilar los acabados, los numerosos detalles que hacen del sistema solar lo que es hoy.

6.   Acabados

Orden interno

Una vez formada, la Tierra está todavía lejos de haber adquirido su estructura definitiva. Quedan aún muchos acabados por hacer en ella. El proceso más importante que nuestro planeta aún debe experimentar es lo que los astrónomos llaman diferenciación. Contrariamente a lo que imaginó Julio Verne en su famosa novela, es imposible acceder directamente al centro de la Tierra, demasiado caliente, demasiado aplastante; pero sí es posible sondear su estructura a distancia. Nuestro planeta no es una esfera perfecta, porque gira sobre sí mismo, lo que le confiere un ligero aplastamiento cuya medición fue una de las grandes aventuras científicas del siglo XVIII[1]; la distancia que separa el Polo Norte del Polo Sur es un 0,3 %

1. Véase de nuevo *Por qué la Tierra es redonda*, Madrid, Alianza Editorial, 2025.

menor que el diámetro terrestre medido en el ecuador. La trayectoria de los satélites artificiales alrededor del planeta está ligeramente influida por esta desviación con respecto a la esfericidad y, lo que es más, también es sensible al perfil de densidad del interior terrestre: dos objetos de la misma masa y de la misma forma no generan exactamente el mismo campo gravitatorio si por ejemplo uno es de densidad uniforme y el otro es menos denso en la superficie y más denso en el centro. Esta propiedad permite determinar el interior de la Tierra gracias a la precisa telemetría de los satélites artificiales en órbita alrededor del planeta, y el resultado es que la densidad de la Tierra no es en absoluto uniforme: mientras que las rocas de la superficie tienen una densidad de 2,5 (es decir, que la masa media de un centímetro cúbico de estas rocas es de 2,5 gramos), la densidad media de la Tierra es cercana a 5,5 y supera 13,6 en el centro. Que el centro de la Tierra es más denso que su superficie no es sorprendente: si el interior de la Tierra es suficientemente fluido, es normal que los componentes más densos se «hundan» al fondo y que los menos densos «floten» en la superficie.

Es a esto a lo que los astrónomos llaman la diferenciación, es decir, la estratificación de los distintos constituyentes de un astro en función de su densidad. Si sumamos el calor acumulado durante los titánicos impactos que condujeron a su formación, más el calor liberado por los elementos radiactivos que contiene (uranio, por ejemplo), no es de extrañar que la Tierra, al igual que todos los demás planetas, haya sufrido esa diferenciación. La exploración espacial ha permitido sondear la estructura interna de los planetas exactamente igual que para la Tierra, y con idénticos resultados. Sin embargo, es difícil, por no decir imposible, datar esta diferenciación. No sabemos si tuvo lugar en el momento de los gigantescos impactos o si fue después, iniciada por el calentamiento gradual del interior de la Tierra por la radiactividad, por ejemplo. Tampoco se sabe si se produjo de golpe o en varios episodios. Lo que es cierto es que esta diferenciación generó ella misma calor: la fricción de los elementos más densos al migrar hacia el centro generó un calor adicional, lo que contribuyó a calentar aún más el interior terrestre, un fenómeno del que sigue siendo tributaria la Tierra actual.

Como la mayoría de los planetas, la Tierra posee un campo magnético porque contiene masas que son a la vez fluidas y conductoras de la electricidad. El núcleo de la Tierra es predominantemente metálico (los metales son más densos que las rocas) y al estar situado en el centro ha conservado suficiente calor como para seguir en parte en estado líquido. ¿De qué metales está compuesto? La tentación es buscar metales especialmente densos como el plomo o el mercurio, que tienen densidades de 11,2 y 13,5, pero la realidad es más mundana. En el universo hay muy poco plomo o mercurio, debido a las dificultades que tienen las estrellas para producirlos (véase el capítulo 3). El núcleo del planeta está compuesto en su mayor parte por el metal más común del universo, el hierro. Su densidad en la superficie es de solo 7,8, pero a las gigantescas presiones que reinan en el centro del planeta el hierro se comprime y su densidad aumenta un 75 %, hasta alcanzar la cifra de 13,6 antes mencionada. Curiosamente, durante mucho tiempo no fue posible producir experimentalmente en el laboratorio presiones tan elevadas como las del centro de la Tierra. Así pues, fue el estudio de nuestro planeta y de algunos otros astros lo que permitió comprender mejor el comportamiento de la materia a semejantes presiones.

Lo más sorprendente es que hay objetos mucho más pequeños que la Tierra que también parecen haberse diferenciado. Es el caso, en particular, del segundo asteroide más grande, Vesta, mencionado en el capítulo 1, que tiene solo 560 kilómetros en su mayor dimensión. Ni los impactos que lo formaron ni los materiales radiactivos que ahora calientan el interior de nuestro planeta parecen suficientes para explicar su fundición, porque debido a su pequeño tamaño las pérdidas de calor en la superficie son mayores que en un objeto más grande. En principio, pues, no hay razón para que en Vesta tuviera lugar un proceso de diferenciación. Pero lo hubo. Para resolver esta paradoja, los astrónomos consideran probable que el sistema solar primitivo fuera rico en sustancias radiactivas abundantes pero de corta vida. La única posibilidad es que en el momento de su formación el sistema solar fuese «sembrado» con especies radiactivas recién fabricadas en el seno de una supernova cercana, hipótesis totalmente plausible dado que las estrellas nacen en grupos, dentro de los cuales se forman y explotan rápidamente algunos ejemplares especialmente masivos. Las trazas de los productos de desintegración de estas especies mencionadas en el capítulo 4 (hierro-60 y aluminio-26), encontradas en meteoritos primitivos, explican así por qué muchos cuerpos pequeños formados al principio de la historia del sistema solar pudieron diferenciarse, y de paso aportan una coherencia inesperada a todo este escenario que se extiende desde las zonas de formación estelar hasta la estructura interna de los pequeños asteroides.

Aunque la diferenciación de la Tierra y las condiciones que la hicieron posible no son objeto de debate, existe sin embargo una paradoja. Si los elementos químicos migran hacia el centro con mayor facilidad cuanto más densos son, ¿cómo es posible que algunos metales especialmente densos como el oro y el uranio estén presentes en la superficie de nuestro planeta? En el caso del uranio, la paradoja no es tal. Sus afinidades químicas hacen que se amalgame con diversas rocas de baja densidad y pueda así permanecer en la superficie. De hecho, este fenómeno es tan eficaz que se cree que no existe prácticamente ninguna traza de uranio en las regiones más internas de nuestro planeta. En cambio, el argumento no es válido para el oro. El oro no se une especialmente bien con otros compuestos rocosos, y si nuestro planeta estuvo por ejemplo completamente fundido en algún momento de su historia, no debería haber ninguna traza de oro en la superficie, y lo mismo para el platino y algunos otros metales. Para entender por qué las cosas no ocurrieron así, habrá que alejarse bastante de nuestro planeta e investigar otra anomalía en el cinturón de asteroides, aparentemente no relacionada con esta cuestión, pero que va a arrojar una luz inesperada sobre ella.

Anomalías apocalípticas

Uno de los resultados más sorprendentes de las misiones *Apolo* fue la edad de las rocas traídas de la Luna. De los seis puntos de alunizaje, y a pesar de que se trajeron más de 400 kilos de muestras, casi ninguna de las rocas tiene más de 4000 millones de años. Esto es tanto más sorprendente porque varios de los puntos de alunizaje se encontraban en las proximidades de vastas cuencas de impacto, como el Mar de las Lluvias, la vasta zona gris oscura situada en el centro del hemisferio norte de nuestro satélite. Ahora bien, si tenemos en cuenta que la reserva de planetesimales se vació rápidamente de sus elementos más grandes (los menos numerosos) durante la formación planetaria, cabría esperar que estas cuencas de impacto hubieran sido casi contemporáneas de la formación de la Luna, hace 4450 o 4500 millones de años. Sin embargo, no es así. En la Tierra se encontró un resultado similar: casi ninguna de las rocas de nuestro planeta tiene más de 3800 millones de años. Solo cristales diminutos, como el circón, son más antiguos. En último término cabe pensar que en la Tierra los procesos de erosión borraran todo rastro de rocas antiguas. Pero en la Luna, astro geológicamente muerto, esto es mucho menos verosímil.

En el sistema solar se han observado algunas otras rarezas, aparentemente no relacionadas entre sí. La primera tiene que ver con los asteroides, que son planetesimales que no tuvieron ocasión de aglomerarse en un planeta. Esto, en sí, no es nada sorprendente, pero lo más curioso es que no hay tanto asteroide. Para ser más exactos, sí que hay muchos en número, pero como son pequeños no representan una masa muy grande. En términos de masa el asteroide que domina es Ceres, el mayor de ellos. Por sí solo representa el 30 % de la masa total de estos objetos, pero sus medidas son muy modestas: apenas 1000 kilómetros de diámetro y una masa seis mil veces menor que la de nuestro planeta. Aunque la imaginación popular ha asociado durante mucho tiempo los asteroides con un planeta abortado, o con un antiguo planeta ya destruido, las cuentas no salen: todos ellos juntos formarían un astro decenas de veces menos masivo que la Luna. Lo cual plantea un problema a los astrónomos: no hay ninguna razón para que el proceso de formación planetaria haya sido tan eficaz como para dejar atrás tan poca masa.

Una segunda rareza, bastante parecida, se encuentra más allá de la órbita de Neptuno. Allí se encuentra Plutón, así como algunos otros objetos de tamaño modesto en comparación con la Luna; pero aparte de eso no hay mucho más. De nuevo resulta cuando menos extraño que objetos como Plutón pudieran haberse formado recogiendo materia de una zona tan vasta cuando no parece haber habido tanta materia disponible.

Una última rareza es la que existe en relación con la órbita de Júpiter. Gracias a los trabajos del astrónomo francés de origen italiano Joseph-Louis Lagrange (1736-1813), sabemos que un planeta puede ir acompañado en su órbita alrededor del Sol por objetos situados a la misma distancia del Sol pero a una sexta parte de revolución por delante o por detrás del planeta. Estos objetos se denominan asteroides «troyanos», porque el primero de este tipo que se descubrió, acompañante de Júpiter, había recibido el nombre de Aquiles: posteriormente se decidió que los asteroides que comparten órbitas similares recibirían el nombre de los héroes de la guerra de Troya, teniendo cuidado, por supuesto, de separar el lado griego (los asteroides que preceden a Júpiter en su órbita) del troyano (los asteroides que le siguen), siendo Júpiter, es decir, Zeus, el rey de los dioses, el encargado de mantener a los dos grupos separados uno de otro. Lo intrigante es que la población de estos asteroides troyanos es bastante numerosa (más de 10 000 conocidos, además de otros muchos más pequeños), mientras que el estudio de su luz indica que suelen ser objetos bastante diferentes de los demás asteroides, situados a una distancia intermedia entre Marte y Júpiter. Es posible que los asteroides situados inicialmente entre Marte y Júpiter se alejaran del Sol para ser capturados por el planeta gigante y convertirse en troyanos, pero en ese caso tendrían que tener las mismas características superficiales que sus congéneres que permanecieron más cerca del Sol. Sin embargo, en este caso los asteroides troyanos presentan diversas similitudes con los cometas menos activos.

La solución a todas estas paradojas aparentemente inconexas fue esbozada en 2005 por astrónomos del observatorio de Niza, dirigidos por el italiano Alessandro Morbidelli (nacido en 1966), quienes se dieron cuenta de que Júpiter y Saturno, una vez formados, podían cohabitar de forma relativamente pacífica en casi todas las situaciones *excepto* si, por casualidad durante su migración, Saturno se ponía a completar una órbita alrededor del Sol mientras que Júpiter completaba exactamente dos. En ese caso, las órbitas de los planetas, en particular la de Saturno, podían deformarse, pasando de una forma circular a otra elíptica. Saturno realizaría entonces excursiones mucho más lejos del Sol que su distancia media a este, pudiendo afectar más fuertemente las órbitas de Urano y Neptuno. ¿Qué ocurriría entonces? En el espacio de algunos millones de años se produciría una gran perturbación en la disposición de tres de los cuatro planetas gigantes del sistema solar: mientras que Júpiter apenas se movería, Saturno se alejaría repentinamente de Júpiter y «empujaría» también a Urano y Neptuno lejos del Sol, siendo incluso posible que estos dos últimos intercambiaran sus posiciones. Aunque Neptuno se encuentra ahora 1500 millones de kilómetros más lejos del Sol que Urano, ¡nada impide que se formara más cerca del Sol que su gemelo!

Y lo que es más importante para lo que aquí nos interesa, los cuerpos pequeños del sistema solar se verían aún más afectados. Lejos de ser espectadores pasivos de este extraño *ballet*, sus órbitas se verían también fuertemente perturbadas y muchos se verían obligados a cruzar las órbitas de otros planetas provocando numerosos impactos, cuando no fuesen pura y simplemente expulsados del sistema solar o, en el caso de los objetos situados más allá de la órbita de Neptuno, expulsados a una distancia muy grande. El momento de iniciarse esta reacción en cadena es imposible de precisar: depende de la posición inicial de los planetas y de la forma en que interactúan con los planetesimales aún presentes. Pero, según los astrónomos del observatorio de Niza, podría producirse fácilmente cientos de millones de años después de la formación de los planetas. He aquí, pues, el origen de las superficies relativamente «jóvenes» de la Tierra y la Luna: fueron violentamente remodeladas cuando Júpiter y Saturno improvisaron este *ballet* con consecuencias en cascada. La Tierra y la Luna (así como los demás planetas rocosos) sufrieron por tanto un intenso bombardeo, llamado Bombardeo Intenso Tardío, pero las consecuencias no terminaron ahí. Como la superficie de la Tierra hacía tiempo que se había enfriado, el material aportado por estos impactos no tuvo ocasión de sumergirse en las entrañas del planeta, en primer lugar los materiales densos como el oro y el platino, que hasta entonces sí se habían sumergido. Ese es pues el origen de los más famosos de nuestros metales preciosos.

La reserva de asteroides se vació en su mayor parte, sin duda en más de un 90 %, al igual que, en mayor medida aún, la de objetos transneptunianos (es decir, objetos situados más allá de la órbita de Neptuno). Además, Neptuno, al migrar hacia el exterior, pudo haber arrastrado en su última deriva diversos objetos situados más lejos que él. Es así como Plutón adquirió su extraña órbita, en la que completa dos revoluciones alrededor del Sol mientras Neptuno completa exactamente tres. Al principio, Plutón orbitaba sin duda más «libremente» alrededor del Sol, sin estar sometido a ninguna influencia gravitatoria notable por parte de Neptuno, pero las cosas cambiaron a raíz de la migración de Neptuno hacia el exterior, que capturó como si dijésemos a Plutón, o mejor dicho, que lo hizo pasar a su zona de influencia. Aunque Plutón es el objeto más conocido de los que corrieron esa suerte, no es ni mucho menos el único. Tras el descubrimiento de Plutón, y en particular después de que quedara claro que se trataba de un objeto de masa modesta, astrónomos como Kenneth Edgeworth (1880-1972) sospecharon que no era ni mucho menos el único objeto transneptuniano. Al igual que existe un cinturón de asteroides, debe existir también un cinturón de objetos transneptunianos, ahora llamado impropiamente cinturón de Kuiper[2]. Sin embargo, no fue sino en 1992 cuando Plutón dejó de ser un cuerpo aislado, gracias al descubrimiento de Albión, el segundo objeto transneptuniano conocido. Desde entonces se han ido descubriendo otros objetos transneptunianos a un ritmo creciente, y ahora conocemos más de un centenar de ellos que presentan la misma peculiaridad orbital que Plutón y que por tanto reciben el nombre de «plutinos», u objetos en resonancia 2:3. También se conocen varias decenas más

2. En efecto, Kuiper pensaba erróneamente que Plutón tenía una masa comparable a la de Neptuno y que no era necesario recurrir a una vasta población de pequeños objetos más allá de Neptuno.

cue dan una vuelta alrededor del Sol mientras Neptuno da dos: son los twotinos (en resonancia 1:2), a los que se suman decenas y decenas de objetos en otros tipos de resonancia (4:7 o 3:5, por ejemplo). Es muy difícil explicar una población tan numerosa de objetos bajo la influencia de Neptuno como no sea recurriendo al hecho de que quedaron atrapados uno tras otro en este tipo de estado por la migración del planeta, al que luego acompañaron en sus peregrinaciones.

La cosa no acaba ahí. Los objetos transneptunianos son mucho más ricos en agua que los del sistema solar interior. Aquellos de estos objetos que migraron hacia el Sol podrían haber aportado a la Tierra, al chocar con ella, grandes cantidades de agua que de otro modo no habrían estado disponibles tan cerca del Sol. Aunque solo se trata de una hipótesis sin confirmación decisiva, la mayor parte del agua de nuestros océanos podría muy bien proceder de cometas formados decenas de veces más lejos del Sol que la Tierra. Por otro lado, algunos objetos transneptunianos podrían haber caído bajo la influencia gravitatoria de Júpiter, lo que explicaría la población de «asteroides» troyanos, que de nuevo serían en realidad antiguos cometas ahora inactivos. La misión *Lucy* de la NASA, lanzada en 2021 en dirección a los asteroides troyanos de Júpiter, debería arrojar una luz especialmente valiosa sobre este particular en los próximos años, tras sobrevolar una media docena de ellos.

Estos fenómenos de migración también arrojan luz sobre los objetos más distantes del sistema solar: los cometas. En 1950, el astrónomo holandés Jan Oort (1900-1992) advierte que muchos de los cometas observados proceden de regiones extremadamente distantes y son más activos que los cometas menos alejados del Sol. De ahí deduce que existe una reserva muy vasta de cometas, bautizada en su honor como «nube de Oort», con tal vez cien mil millones o incluso un billón de objetos y a mucho más de un año luz del Sol. Una vez más, parece imposible que los cometas se aglomeraran uno tras otro en medio de tal inmensidad, por lo que parece necesario que su origen esté mucho más cerca del Sol y que un suceso posterior los enviara mucho más lejos, antes de que el azar de los pasos cercanos de otras estrellas hiciera que algunos de ellos se precipitaran hacia el Sol e iluminaran a veces las noches terrestres, para mayor deleite de los amantes del cielo.

Atmósferas, atmósferas

La otra característica de la que aún carece la joven Tierra es la atmósfera. En efecto, es difícil imaginar que la Tierra primitiva, la de antes del impacto con Theia (véase el capítulo 5), pudiera conservar su posible atmósfera tras ser golpeada a casi 30 000 kilómetros por hora por un objeto del tamaño de Marte. Es muy probable que el impacto la hiciera desaparecer. De todos modos, es difícil imaginar que la Tierra tuviera una atmósfera antes de ese impacto, ya que poco antes se había producido otro igual de titánico. Y antes otro más, etc. En ese sentido, es muy posible que la primera atmósfera de nuestro planeta estuviera formada... por vapores de roca, pasados instantáneamente al estado gaseoso después de cada uno de estos gigantescos impactos. Pero al enfriarse, estos vapores de roca acabaron condensándose y cayendo a la superficie, para permanecer allí definitivamente.

Todo apunta a que la Tierra adquirió una atmósfera, calificada de «secundaria», tras la serie de impactos gigantescos que fabricaron el propio planeta. Al principio mismo de la formación de los embriones de planeta, el polvo y otros granos de pequeño tamaño apresaron cantidades ínfimas de vapor de agua, dióxido de carbono, amoniaco, metano y otros gases, que permanecieron atrapados hasta la formación de la Tierra, donde luego las rocas líquidas de la superficie se desgasificaron lo suficiente como para formar esa atmósfera. Esta hipótesis es tanto más probable porque cuando se formaron efectivamente los planetas, todo el gas situado cerca del lugar de formación de la Tierra fue expulsado por el Sol. Solo quedó el gas incorporado a los primeros granos sólidos, gas que permaneció cautivo en estos granos y más tarde en los bloques de tamaño más grande formados por los granos aglomerados. Esta hipótesis de una atmósfera secundaria la confirma indirectamente un gas discreto que sin embargo es uno de los más abundantes de la atmósfera actual: el argón. Con sus dieciocho protones, el argón es producido sin demasiada dificultad por las supernovas, ya sean las de tipo II de estrellas masivas o las termonucleares, resultantes de colisiones de enanas blancas (véase el capítulo 3). Pero en ambos casos se trata de argón-36, con igual número de neutrones que de protones, que resulta de capturas sucesivas de núcleos de helio-4, que también tienen igual número de protones que de neutrones. Ahora bien, el argón terrestre no es argón-36, sino argón-40, con cuatro neutrones más. Los físicos nucleares nos dicen que el argón-40 solo tiene un origen posible: la radiactividad natural del potasio-40 inducida por la captura de un electrón. Este electrón se fusiona con un protón del núcleo para formar un neutrón y transformar el núcleo de potasio-40 en argón-40. Este argón-40 que respiramos desde que nacemos no es por tanto más que un residuo de la desintegración radiactiva. Sobre todo, es la prueba de que al menos una parte de la atmósfera de la Tierra se formó mucho después de su nacimiento.

La Tierra posee por tanto una atmósfera y los demás planetas rocosos adquirieron la suya en las mismas circunstancias. Pero ese es su único punto en común a ese respecto. En efecto, Mercurio no tiene atmósfera, la de Venus es cientos de veces más densa que la de nuestro planeta, que a su vez es mucho más densa que la de Marte. ¿Cómo es posible que estas atmósferas difieran tanto unas de otras? Ello es debido a que su evolución ulterior depende de numerosos factores. En primer lugar, en una atmósfera calentada por el Sol algunos de los átomos o moléculas que la componen tienen siempre la posibilidad de adquirir una velocidad importante debido a las colisiones con sus congéneres (recordemos que la temperatura es una medida de la agitación de los átomos a nivel microscópico; véase el capítulo 3). Aunque es raro, la velocidad adquirida puede ser suficientemente grande para que el átomo o la molécula escape a la atracción del planeta. Así, las atmósferas están condenadas a evadirse lentamente o a desaparecer a menos que se renueven en virtud de otro fenómeno. En ese sentido, cuanto más pequeño es el planeta y cuanto más esté calentado por el Sol, tanto más rápido se evade su atmósfera. Esa es la razón por la que Mercurio no tiene, o mejor dicho, no tiene ya una atmósfera: demasiado poco masivo y situado demasiado cerca del Sol, el más pequeño de los planetas no tenía ninguna posibilidad de conservarla. Lo mismo ocurre con la Luna, ciertamente más alejada del Sol pero aún menos masiva que Mercurio. La Tierra y Venus salen en cambio mejor libradas porque son suficientemente masivas para retener su atmósfera. Las dos difieren mucho una de otra en diversos aspectos, por razones relacionadas en gran parte con la biosfera terrestre: los organismos vivientes han tenido un efecto considerable sobre la atmósfera terrestre, como veremos en el capítulo siguiente. En cambio, las de Marte y Venus se parecen mucho en su composición: en los dos casos están dominadas mayormente por el dióxido de carbono (más del 95 %), siendo el nitrógeno el segundo componente por orden de abundancia (alrededor del 3 %). Decir atmósferas comparables es como sugerir un origen común, a saber, la desgasificación de los volcanes, presentes en Marte y muy abundantes en Venus, y cuyos gases mayoritarios son probablemente, como en la Tierra, el dióxido de carbono y el vapor de agua. En Marte, las bajísimas temperaturas hacen que esta agua se transforme en hielo al contacto con la superficie, con lo cual está en gran medida ausente de la atmósfera. En Venus las cosas son más complicadas y no se sabe muy bien por qué perdió su agua, aunque existen varias hipótesis. Lo que sí se sabe es por qué la atmósfera de Venus es incomparablemente más densa: Venus, como Marte y la Tierra, ha producido constantemente su atmósfera por la desgasificación volcánica. En la Tierra, los organismos vivos han contribuido a fijar ese carbono y a disminuir eficazmente su concentración atmosférica, hasta el punto de que esta es muy inferior a la del nitrógeno, que sin embargo era mucho menos abundante al principio. En ausencia de biosfera, no se ha producido nada parecido en Venus. Además, las rocas terrestres son capaces de fijar una parte del dióxido de carbono en un proceso producido por la tectónica de placas, que renueva, aunque lentamente, la superficie del planeta y perenniza sus capacidades de captura del carbono.

En Marte la situación es diferente. No queda ya apenas nada de atmósfera porque falta un elemento para que el planeta rojo sea capaz de retenerla: el campo magnético. El campo magnético, cuando existe, protege al planeta contra partículas energéticas provenientes del Sol, que forman lo que se denomina el viento solar. En la Tierra, o digamos que en sus proximidades, el campo magnético actúa como un escudo protector al ralentizar o desviar el viento solar, que interactúa entonces inocuamente con la atmósfera terrestre produciendo esas magníficas cortinas celestes que son las auroras polares. En Marte no hay nada de eso: al ser más pequeño, se enfrió mucho más deprisa que la Tierra, y la solidificación de su núcleo metálico fue acompañada de la desaparición de su campo magnético protector y después de su atmósfera. Por consiguiente, no depositemos ingenuas esperanzas en la promesa que ciertos profetas de la tecnología nos pretenden vender con la próxima colonización de Marte: para poder vivir en el planeta rojo, este tendría que tener una atmósfera, y sobre todo sería necesario que, en el caso extraordinario de que fuésemos capaces de crear una artificial (lo que de todos modos no es posible), el planeta pudiera retenerla. Pero por desgracia, si Marte no tiene ya campo magnético, esa atmósfera que quisiéramos producir se evadiría tan ineluctablemente como la atmósfera secundaria «natural» que Marte poseyó hace miles de millones de años...

Satélites y anillos

El proceso genérico de formación de los planetas se conoce razonablemente bien, pero sigue teniendo algunas lagunas, en particular porque no incluye explícitamente dos características que poseen varios de ellos: los anillos y los satélites. En este aspecto reina la diversidad. Mercurio y Venus no poseen ningún satélite; la Tierra, uno solo, pero de gran tamaño; Marte, solamente dos pero de tamaño muy, muy pequeño. Entre los planetas gigantes hay profusión. Todos poseen numerosos satélites, pero en muchos casos de tamaño muy pequeño y a veces muy alejados del planeta. En lo que concierne a los satélites grandes, es difícil encontrar puntos comunes entre los distintos planetas. Los cuatro principales satélites de Júpiter están ordenados por orden descendente de densidad, un poco como los planetas del sistema solar. Alrededor de Saturno y Urano se encuentran por orden creciente de tamaño. Y alrededor de Neptuno, aparte del imponente Tritón, no hay gran cosa. Casi todos los grandes satélites giran en el mismo sentido que el planeta, a excepción de Tritón, lo que sugiere que es un objeto capturado ulteriormente por Neptuno y que sin duda destruyó su primitivo sistema de satélites, dejando solo algunos restos de los satélites originales. Si añadimos la Luna, formada como resultado de un impacto, y los minúsculos compañeros de Marte, de origen desconocido, todo ello sugiere que existen casi tantos modos de formación de satélites como de planetas.

Así, pues, los satélites exhiben a la vez una gran diversidad y un fenómeno visiblemente genérico: el hecho de que siempre muestran la misma cara a su respectivo planeta. Esto es cosa que se sabe desde la prehistoria para la Luna, y en el caso de Jápeto quedó establecido desde el momento mismo de su descubrimiento por Cassini (véase el capítulo 1). Verificarlo directamente para los demás satélites no fue realmente necesario, porque enseguida se identificó el origen del fenómeno. En la Tierra es visible para todos aquellos que viven junto al mar: son las mareas. Un satélite y su planeta están inmersos en el campo gravitatorio del otro. Este campo está orientado hacia el centro del objeto y disminuye con la distancia a él. Como resultado de ello, cada punto de la Tierra experimenta una atracción gravitatoria ligeramente diferente por parte de nuestro satélite. Esquemáticamente podemos descomponer esta atracción en un valor medio, el que reina en el centro de la Tierra, más una pequeña corrección que depende del punto considerado. El punto de la Tierra que está más cerca de la Luna (llamado punto sublunar[3]) es atraído un poco más por la Luna que el centro de la Tierra porque está más cerca de ella, y la fuerza residual ejercida por la Luna está orientada hacia ella. El punto situado al otro lado de la Tierra (el punto antilunar) está más alejado de la Luna y por tanto el fenómeno se invierte. Cualquier punto de la Tierra que no esté situado a lo largo del eje Tierra-Luna también experimenta una fuerza residual que estará en parte orientada hacia el eje Tierra-Luna. En consecuencia, la mera presencia de la Luna estira nuestro planeta a lo largo del eje Tierra-Luna y lo comprime en las dos direcciones perpendiculares; y el fenómeno es también válido para la Luna, y con mayor amplitud, porque la Tierra es más masiva.

Por otro lado, la Tierra gira sobre sí misma, lo que hace que por su rotación arrastre la deformación inducida por la

---

3. Este punto se mueve de este a oeste en la superficie de nuestro planeta, sin alejarse nunca del ecuador. Así que hay que viajar si queremos ir allí. Sin embargo, tengamos en cuenta que si en un momento dado la Luna está un poco más cerca de este punto que de cualquier otro lugar terrestre, la diferencia es demasiado pequeña para ser perceptible a simple vista.

Luna, deformación que se encuentra entonces desalineada con el eje Tierra-Luna: por muy poco, apenas unos grados, pero con grandes consecuencias. Porque ahora la influencia de la Luna tiende a «enderezar» esta deformación, lo que significa que la Luna ejerce un par restaurador sobre la Tierra deformada, par que perdurará mientras la Tierra gire sobre sí misma a un ritmo diferente del de la Luna alrededor de ella. Si todo esto parece complicado, basta con recordar que como la Tierra gira sobre su eje mucho más rápido que la Luna alrededor de la Tierra, el efecto de la Luna tiende a frenar la rotación de la Tierra. Ahora bien, en un sistema aislado hay una magnitud que está ligada a la rotación y que se conserva. Los físicos podrían haberse contentado con llamarla simplemente «cantidad de rotación», pero el término técnico, un poco menos descriptivo, es «momento angular» o «momento cinético». Dejando a un lado el porqué del nombre, pensemos que podríamos llamarlo «cantidad de rotación». La conservación del momento angular explica el hecho de que una patinadora que gira sobre sí misma pueda modificar su velocidad de rotación alejando más o menos los brazos del cuerpo. Cuanto más separados tenga los brazos, más aumenta su distancia media al eje del cuerpo y más disminuye la rotación. Al acercar los brazos a los costados se produce el efecto contrario y la patinadora gira más deprisa. Por supuesto, el sistema aquí no es aislado, porque la patinadora está en contacto con el suelo, pero si el hielo está perfectamente liso, podemos considerar que este contacto con el suelo no altera su rotación, por lo que el fenómeno se produce realmente. Volviendo al sistema Tierra-Luna, si la rotación propia de la Tierra disminuye, su momento angular también disminuye; pero como el momento angular global del sistema Tierra-Luna debe conservarse, esto obliga a la Luna a cambiar algo en su trayectoria. Lo que va a hacer es acelerar ligeramente para aumentar con ello el momento angular asociado a su órbita (llamado, lógicamente, momento angular orbital), lo que finalmente la alejará de la Tierra pero reduciendo su velocidad, situación que perdurará mientras la rotación de la Tierra sea más rápida que la revolución de la Luna alrededor de ella. Este mismo fenómeno se produjo a su vez por parte de la Tierra hacia la Luna. Y en este aspecto, el cuerpo más masivo influye mucho más en el menos masivo que al revés. Esta es la razón por la que la Tierra acabó hace tiempo la sincronización de la rotación y la revolución de la Luna, que por tanto tiene siempre vuelta la misma cara hacia nosotros. La Luna no es un caso único en ese aspecto. Todos los satélites «grandes» del sistema solar también están sincronizados mediante estos efectos de marea; su gran tamaño los hace tanto más sensibles a la influencia gravitatoria de su planeta. Los satélites pequeños son más impredecibles a ese respecto. Algunos también están sincronizados como Fobos y Deimos alrededor de Marte, mientras que otros como Hiperión o Febe alrededor de Saturno no lo están. En estos casos, la distancia al planeta juega un papel decisivo: cuanto más pequeña es la distancia, más intensos son los efectos de marea y más contribuyen a una rápida sincronización.

Si la Tierra gira cada vez más lentamente alrededor de su eje, esto significa que la duración del día aumenta con el tiempo. Un hecho fascinante es que los fósiles de ciertos seres vivos de épocas lejanas han conservado huellas de ese fenómeno. Entre los nautiloides (moluscos marinos prehistóricos similares a las conchas de caracol) hay varios que tienen estrías de crecimiento diarias. Este crecimiento está a su vez modulado por diversos fenómenos, en particular las lunaciones y las estaciones. Por tanto, analizando el espesor de cada una de estas estrías de crecimiento es posible contar cuántas lunaciones había en un año y cuántos días había por lunación en la época en que vivieron estos organismos. Y encontramos, en consonancia con lo que predice la teoría de las mareas, que hace varias decenas de millones de años el año duraba alrededor de cuatrocientos «días», que entonces eran de solo veintidós horas cada uno, y que la Luna orbitaba alrededor de la Tierra más rápido que hoy por estar más cerca de ella, con más de catorce lunaciones por año.

Aunque el efecto es mucho más lento, a la larga esa es la misma situación que experimentará la Tierra: su periodo de rotación habrá disminuido fuertemente, hasta el punto de estar también ella sincronizada con el periodo de revolución de la Luna. Y como para entonces la Luna tendrá que haberse alejado de la Tierra, su periodo de rotación habrá aumentado. Los días terrestres y los meses lunares durarán entonces cada uno cerca de cincuenta de nuestros días actuales, mientras que la Luna se habrá alejado más de 170 000 kilómetros en comparación con la época actual y parecerá un 30 % más pequeña que ahora. Pero paciencia: actualmente la Luna se aleja de la Tierra a razón de 3,8 centímetros al año solamente, una variación muy pequeña, que sin embargo se puede medir gracias a los deflectores instalados por los astronautas de las misiones *Apolo*. Desde hace cincuenta años es posible monitorear la evolución de la distancia Tierra-Luna midiendo el tiempo de ida y vuelta de potentes haces de láser emitidos desde la Tierra, y la precisión conseguida permite medir ese ínfimo alejamiento. El ritmo de sincronización es terriblemente lento, hasta el punto de que aquella no se alcanzará antes de varias decenas de miles de millones de años, es decir, mucho después del fin del Sol. Pero en el caso de la pareja Plutón-Caronte, mucho más próxima entre sí que la pareja Tierra-Luna, la doble sincronización se ha producido ya: Plutón y Caronte muestran la misma cara uno a otro, exactamente como si fuesen los dos extremos de unas pesas unidas por una barra invisible. En este fenómeno de la sincronización existe otro resultado posible. Si el planeta y su satélite se alejan demasiado uno del otro, es posible que este último caiga bajo la influencia gravitatoria del Sol: el satélite, insuficientemente ligado a su planeta, cesa de orbitar alrededor de él y se aleja para siempre. Esta es una de las explicaciones posibles de que Mercurio y Venus, a la vez más cercanos al Sol y menos masivos que la Tierra, no tengan ningún satélite.

En otros casos, los fenómenos de marea pueden tener consecuencias mucho más espectaculares. La Luna se aleja de la Tierra porque la Tierra gira sobre sí misma más rápido de lo que la Luna orbita a su alrededor. Si fuera a la inversa, entonces los efectos de marea tenderían a *acercar* la Luna a la Tierra, sin que fuera posible revertir la tendencia. Esta situación no es imaginaria: es la de Fobos, satélite de Marte, que se acerca a su planeta, según los datos telemétricos, unos dos centímetros al año. Y como Fobos ya está muy cerca de Marte (a solo 6000 kilómetros), sus días, o digamos, sus milenios, están contados: dentro de 50 millones de años como máximo se acercará tanto al planeta que quedará literalmente destrozado por los efectos de marea o por chocar todo él contra el planeta, formando un imponente cráter de varios cientos de kilómetros de diámetro. Actualmente, los astrónomos se inclinan por la primera hipótesis: las imágenes de alta resolución de este satélite tomadas

por la sonda *Mars Reconnaissance Orbiter* revelan estrías parale-
las a lo largo de su superficie, posible señal de que, de forma
lenta pero segura, se encuentra en proceso de agrietamiento.
Un destino similar le aguarda a Tritón, satélite de Neptuno.
Tritón gira alrededor de su planeta en sentido contrario al
de la rotación de este, lo que provoca el mismo efecto que
en Fobos: un lento e ineluctable acercamiento a él que se
prolongará más de tres mil millones de años.

Ío, satélite de Júpiter, no sufrirá un destino tan trágico,
pero tiene una existencia muy agitada. Debido a que su
vecina Europa está bastante cerca de él, la órbita de Ío se ve
constantemente perturbada. Esto, junto con las deforma-
ciones inducidas por los efectos de marea, hace que todo
el volumen del satélite se estire en direcciones variables a
lo largo del tiempo. Esto provoca un calentamiento considerable, hasta el punto de licuar parte de su interior. Ío es
así el objeto más volcánico de todo el sistema solar, no por
el calor acumulado durante su formación, sino por el calor
producido constantemente por las mareas. Su superficie
está salpicada de cientos de edificios volcánicos, todos ellos
activos. Las sondas *Voyager* y luego *Galileo* observaron columnas de erupciones volcánicas que se elevaban cientos de
kilómetros para caer después en forma de lluvia sobre zonas
inmensas, remodelando constantemente la superficie del
satélite en cosa de años o incluso de meses.

Para terminar digamos que son probablemente los efectos
de marea los responsables de las características planetarias
más emblemáticas, a saber, los anillos. En 1849, el matemático
y astrónomo francés Édouard Roche (1820-1883) demuestra
que un satélite situado demasiado cerca de su planeta sufriría
tal estiramiento que normalmente acabaría destruyéndose,

explicando así por qué no se conoce ningún satélite situado cerca de un planeta: simplemente no puede sobrevivir en semejante lugar. Sin embargo, hay una cosa que sí encontramos muy cerca de un planeta: los anillos de Saturno, tan espectaculares como magníficos, y cuya extensión máxima se acerca extrañamente al límite más allá del cual un satélite se rompería. Resulta por tanto tentador pensar, como hizo el propio Roche, que los anillos planetarios son los restos de uno o más satélites que se desintegraron tras acercarse demasiado, por una razón u otra, a su planeta. En la época de los trabajos de Roche solo se conocían los anillos de Saturno. No fue hasta la segunda mitad del siglo XX cuando se descubrieron sucesivamente los anillos, mucho más oscuros y menos extensos, de Júpiter, Urano y Neptuno. Se desconoce el origen de la singularidad de Saturno, pero los datos recogidos por la sonda *Cassini* sugieren que son especialmente jóvenes, con una edad estimada de menos de 100 millones de años: en efecto, hacia el final de su misión, la sonda *Cassini* pasó entre Saturno y el borde interior de sus anillos, lo que permitió determinar su masa y el caudal de la «lluvia de anillos» que cae constantemente sobre el planeta. Veredicto: al ritmo que van las cosas, los anillos podrían ser muy jóvenes y proceder de la destrucción de un satélite similar a Mimas, una de las lunas más próximas a Saturno. Peor aún, no tendrían más de 300 millones de años de esperanza de vida. Esta interpretación es fuertemente cuestionada por otros que consideran que los anillos de Saturno podrían ser tan antiguos como el propio Saturno y que el caudal de la lluvia de anillos, muy variable en el transcurso del tiempo, no prejuzga en modo alguno su futuro. Así pues, es difícil por el momento afirmar que también la belleza es efímera en el universo, pero está claro que despierta pasiones.

7. La posibilidad de vida

El misterio más fascinante

Si hay un punto que hace hoy que la Tierra sea única es que
alberga la vida y que es el único lugar conocido donde esta
se ha desarrollado. Pero no es por no haber imaginado,
esperado, fantaseado que existiera en otros lugares. Los habitantes de Venus, Marte, la Luna o de cualquier otro lugar
están presentes en la literatura desde la Antigüedad. En el
primer siglo antes de nuestra era, el poeta romano Lucrecio (98-55 a. C.) afirma en su *De rerum natura*: «Si la misma
fuerza, la misma naturaleza subsisten para poder reunir en
todos los lugares estos elementos en el mismo orden en que
fueron reunidos en nuestro mundo, debes admitir que hay
en otras regiones del espacio otras tierras distintas de la nuestra, y razas de hombres diferentes, y otras especies salvajes».

En otras palabras, como las mismas causas producen
los mismos efectos, no hay ninguna razón para que lo que

hace que la vida exista en la Tierra le impida existir en otros lugares. Esta filosofía se opone a la de Aristóteles, que afirma que siendo la Tierra un lugar particular del universo, no hay nada que permita pensar que la vida se haya desarrollado en otro lugar, idea que luego fue retomada por la cristiandad. Las ideas de Lucrecio vuelven a revivir poco a poco durante el Renacimiento. Giordano Bruno pagará con la vida su creencia en la pluralidad de mundos habitados, pero a medida que la Iglesia pierde influencia, los autores se lanzan a poblar el resto del universo con seres vivos y a menudo pensantes. Los especialistas en el género consideran que la primera obra de ciencia ficción data del siglo XVII. Los lectores seguramente no conocerán a su autor, aunque su nombre les suene: es el escritor Savinien de Cyrano de Bergerac, inspirador del famoso héroe de Edmond Rostand. Su novela se llama *Historia cómica de los estados e imperios de la Luna* (hacia 1650), en la que relata un viaje a nuestro satélite donde se entra en contacto con sus habitantes, los selenitas, seres muy humanos que ofrecen a los lectores un espejo de lo que somos, con nuestras cualidades (a veces) y nuestros defectos (a menudo). A partir de entonces, la hipótesis de la existencia de vida en otras partes del universo nunca abandonará a las mentes más inventivas, ya sean artistas o científicos.

El ejemplo más famoso hay que ponerlo en el haber de los propios astrónomos. En 1877, el italiano Giovanni Schiaparelli (1835-1910) observa el planeta Marte en un momento particularmente favorable cuando su distancia a la Tierra es mínima. Aproximadamente cada dos años nuestro planeta «gana una vuelta» a Marte, y debido a que las distancias Tierra-Sol y Sol-Marte varían a lo largo de sus respectivas órbitas, la distancia Tierra-Marte cuando los dos planetas están alineados con el Sol no siempre es la misma. En 1877 es especialmente corta, razón por la cual el planeta rojo acapara la atención, entre otros la de Asaph Hall, que descubre en ese momento sus dos satélites, Fobos y Deimos (véase el capítulo 1). Giovanni Schiaparelli es en aquella época un observador sin igual. A él le debemos, entre otras cosas, el descubrimiento de un asteroide y sobre todo la explicación de que las lluvias de estrellas fugaces que se observan en determinadas épocas del año se deben a que la Tierra cruza la trayectoria de varios cometas cuya órbita está contaminada por su polvo. En el curso de sus observaciones, Schiaparelli intenta distinguir mejor ciertos relieves marcianos ya conocidos. Si bien Marte es predominantemente de color rojo anaranjado, posee una atmósfera, casquetes polares y áreas que son significativamente más oscuras que el resto del planeta. Schiaparelli está convencido de que ciertas áreas de color y brillo similares están como conectadas por finas estructuras más bien rectilíneas que él describe como *canali,* en el sentido de «surcos». En Francia y en otros países se traduce erróneamente el término por «canales». Y si el término «surco» es más bien semánticamente neutro, «canal» evoca inmediatamente una estructura de origen no natural. ¿Podría haber «canales» en Marte, o incluso seres capaces de construirlos? En aquella época, la fotografía no ha alcanzado aún las posibilidades que ofrece hoy día, por lo que los astrónomos hacen a mano bocetos, a menudo sorprendentemente fieles, de sus observaciones. Schiaparelli publica en 1882 el primer mapa de los *canali* marcianos. Otros astrónomos intentan lo mismo, no siempre con éxito. Al otro lado del Atlántico, el empresario y astrónomo aficionado Percival Lowell (1855-1916) ve las mismas cosas que Schiaparelli. Fascinado por la perspectiva de descubrir una alteridad tan cercana a la nuestra, construye con fondos propios un observatorio dedicado al planeta Marte en Flagstaff, Arizona. Primero identifica unas cuantas decenas de estos canales, luego varios centenares de ellos, demasiado rectilíneos para ser de origen natural. En Francia, Camille Flammarion (1842-1925) también se apunta. Atribuye estos canales, que por fuerza tienen que ser inmensamente grandes para que puedan ser vistos desde la Tierra, a las construcciones monumentales de una «raza superior a la nuestra», pero que se enfrenta con un destino grandioso y trágico: Marte es un planeta en gran parte desértico, y sus habitantes están tal vez muriendo de sed. No les queda más remedio que construir inmensos canales que recogen el agua del deshielo polar para transportarla a las regiones ecuatoriales y utilizarla para regadío.

Desde el Egipto de los faraones hasta la antigua Roma, el ascenso y la caída de las civilizaciones del pasado han despertado siempre fascinación, y es lo que ocurre con estos misteriosos habitantes del planeta Marte. La prensa se apodera del tema, y grandes diarios como *The New York Times* se hacen eco de esta historia tan fascinante que gustaría que fuese cierta. Pero ¿lo es realmente? Muchos astrónomos no ven las estructuras indicadas por Schiaparelli o Lowell, y la mejora progresiva de los medios de observación no cambia nada en la situación. Los astrónomos, que poco a poco se van convirtiendo en astrofísicos, también dudan de que las condiciones que reinan en la superficie de Marte sean lo suficientemente clementes como para albergar la vida: Marte está más alejado del Sol que nuestro planeta y tiene una atmósfera muy tenue, por lo que debe ser muy frío, y parece difícil que fluya agua líquida por la superficie. En 1903, Edward Barnard, astrónomo con una hoja de servicios notable (véanse los capítulos 1 y 5), pone seriamente en duda la existencia de estos canales. Ese mismo año, el astrónomo inglés Edward Maunder (1851-1928), acompañado por Joseph Evans, director de una escuela secundaria londinense, pide a niños de entre 12 y 14 años que observen, en diversas condiciones de iluminación, un disco tachonado de zonas negras y que dibujen luego lo que ven. Resultado: varios de ellos dibujan las zonas oscuras pero, *además*, líneas que las conectan. Los «canales» dibujados no son más que una ilusión óptica, un artefacto de la fisiología del ojo, y sin duda es lo mismo que ocurre con lo que Lowell y Schiaparelli afirman haber visto. Hacia 1910, las observaciones del astrónomo francés Eugène Antoniadi (1870-1944) en Meudon, seguidas de la puesta en servicio de un instrumento especialmente potente en el observatorio del Pic du Midi, en los Pirineos franceses, invalidan definitivamente los canales marcianos: «Así pues, los "canales" del ilustre astrónomo italiano [Schiaparelli] tienen una base objetiva; y por eso pueden fotografiarse. Pero lejos de ver en ellos verdaderos canales, debemos considerarlos simplemente como las manchas naturales, irregulares y discontinuas que decoran la superficie de Marte», explica cortésmente Antoniadi en 1909. Pero ya era demasiado tarde para que la idea abandonara la cultura popular. *La guerra de los mundos* (1898), del escritor inglés Herbert George Wells, está directamente inspirada en el relato fantástico de Lowell y compañía: narra el ataque a la Tierra de una raza extraterrestre hostil procedente de Marte y obligada a abandonar su planeta. Las vidas marciana, venusina y lunar perdurarán por tanto más de lo previsto. Hubo que esperar a las primeras imágenes tomadas *in situ* por las sondas norteamericanas

Mariner a principios de los años setenta para que Marte fuera considerado un mundo árido y sin vida[1]. Por su parte, las tripulaciones de las misiones *Apolo 11* y *Apolo 12* tuvieron que pasar un periodo de cuarentena de varias semanas a su regreso a la Tierra para asegurarse de que no se habían contaminado con unos muy hipotéticos gérmenes presentes en la Luna...

Si me he tomado el tiempo de relatar esta historia es para que sirva de advertencia de cara al resto de este capítulo. Hay pocos temas que susciten tantas emociones como la cuestión de las circunstancias en que apareció la vida y de su distribución en el universo. Interesarse por este tema es correr inevitablemente el riesgo de que lo subjetivo prime sobre lo racional y de arriesgarse a entrar en conflicto con las convicciones de cada cual sobre estas cuestiones. La aparición de la vida es así la última frontera en los círculos religiosos tradicionalistas, ya sean cristianos, judíos o musulmanes. Ciertamente, dicen algunos de ellos, el mundo no se creó en seis días. Por supuesto, la Tierra no está en el centro del universo. Efectivamente, existen otros planetas y la ciencia ha hecho descubrimientos notables al respecto. Pero cuando se trata de las condiciones en las que surgió la vida, seguimos estando, según ellos, en el ámbito exclusivo de lo místico y lo religioso. La vida es, o sería, demasiado misteriosa, demasiado compleja, demasiado yo-que-sé para ser descrita por la ciencia, y esto sería «por tanto» una prueba de la existencia de lo divino. Se trata, por supuesto, de un

---

1. Las primeras imágenes de Marte fueron tomadas en 1965 por la sonda *Mariner 4*, que realizó una treintena de fotografías de mala calidad durante un único sobrevuelo de Marte. Fue sobre todo con las imágenes tomadas por la *Mariner 9* en 1971 cuando se revelaron los detalles y la aridez del suelo marciano.

razonamiento falaz. La no comprensión de ciertos aspectos de origen «natural» no implica en absoluto un origen divino: en ciencia, la ausencia de pruebas nunca ha sido prueba de la ausencia. Por tanto, en lo que sigue intentaré exponer, con prudencia y modestia, lo que sabemos, lo que creemos saber y lo que aún no sabemos sobre este tema.

Cronología

A falta de conocer otros lugares donde la vida apareció con certeza, ¿qué podemos decir de su aparición en la Tierra y, sobre todo, de los procesos (y no de los milagros) que tuvieron lugar? La respuesta a esta pregunta dista mucho de conocerse en detalle, pero sí sabemos que la vida en la Tierra data de hace tiempo. En 1919, Pierre Termier sugirió (véase el capítulo 4) que las épocas geológicas de la Tierra, identificadas por la presencia de fósiles, databan de hace al menos 500 millones de años. Esta cifra sigue siendo válida hoy en día, pero se refiere únicamente a la vida pluricelular, la única que se podía detectar mediante fósiles en aquella época. Ahora sabemos que la presencia de organismos unicelulares en la Tierra está acreditada por fósiles microscópicos que datan al menos de hace 3400 millones de años. Hay vestigios aún más antiguos, pero también más inciertos. En primer lugar, existen estructuras parecidas a fósiles microbianos, pero sin que su origen biológico esté demostrado. Algunas tienen más de 3700 millones de años, mientras que otras datan de hace más de 4250 millones de años. Y eso no es todo, porque existen también otros trazadores intrigantes. Como ya dijimos en el capítulo 3, los átomos pueden existir con un número variable de neutrones. Por ejemplo, el carbono existe en dos formas: carbono-12 y carbono-13[2]. Aunque estas dos formas de carbono tienen las mismas propiedades químicas, no tienen la misma masa (el carbono-13 es aproximadamente un 8 % más masivo que el carbono-12), ni la misma movilidad cuando se disuelven en agua. Experimentalmente se comprueba que los organismos vivos actuales tienen un contenido de carbono-13 ligeramente inferior al de los compuestos minerales que contienen carbono. Sin embargo, algunas rocas de hace 3700 millones de años contienen grafito (es decir, carbono puro) también pobre en carbono-13, como los organismos vivos actuales. Por tanto, resulta tentador pensar que este grafito no es «nativo», sino que procede de organismos vivos ya presentes en una fecha tan temprana. Hay minerales de circón más antiguos aún, de más de 4100 millones de años, que tienen inclusiones de grafito también pobres en carbono-13, lo que quizá revele indirectamente que la vida ya existía en aquella época.

La vida, sea cual sea la época exacta de su aparición, es muy antigua, lo que a su vez indica que no tardó tanto en aparecer en nuestro planeta. Si consideramos que la primera época en que la vida pudo surgir corresponde al momento en que la superficie de la Tierra se enfrió lo suficiente tras la fase de bombardeo de meteoritos, es decir, según los astrónomos hace 4400 millones de años, la vida tardó como mucho mil millones de años en aparecer y quizá menos de 150 millones de años.

---

2. El primero se forma mediante la fusión de tres núcleos de helio-4, el segundo es producto de un ciclo CNO incompleto (véase el capítulo 3).

Un medio fértil y hostil

¿Qué aspecto tenía la Tierra en aquel pasado lejano? El aspecto de un planeta muy caliente que tenía ya agua en la superficie pero una atmósfera irrespirable. Actualmente, el oxígeno de la atmósfera se presenta como uno de los ingredientes más esenciales para la vida. Pero en realidad es lo contrario. Es el oxígeno el que necesita la vida para existir. Sin vida, no hay oxígeno en las atmósferas planetarias. El oxígeno de la atmósfera está en la forma de moléculas de dioxígeno, O_2. Estas moléculas son muy reactivas y reaccionan rápidamente con las moléculas orgánicas o minerales de la superficie del planeta. Si el oxígeno se ha acumulado en la atmósfera e intervenido en el metabolismo de muchos seres vivos que posteriormente han podido utilizarlo es solo gracias a que los organismos han sido capaces de producirlo durante miles de millones de años. Y a la inversa, los ladrillos básicos de los organismos vivos habrían sido destruidos rápidamente por la presencia de este oxígeno si hubiera estado presente desde el principio: al comienzo, la vida supo y tuvo que prescindir del oxígeno. Esta observación nos anuncia indirectamente una muy mala noticia: no es concebible que aparezca hoy una nueva forma de vida. No hay ninguna esperanza de presenciar su emergencia «en directo». Tal vez la vida haya aparecido varias veces en la historia de la Tierra. Tal vez emergió hace más de 4000 millones de años, antes de ser erradicada por el Bombardeo Intenso Tardío unos cientos de millones de años más tarde. Tal vez reapareció entonces. Pero desde que el dioxígeno está presente, eso no ha vuelto a ocurrir, al menos en la Tierra.

Aunque no sabemos cómo apareció la vida, tenemos una idea de las condiciones que reinaban en aquel momento. Las rocas se forman en profundidad antes de aflorar a la superficie a través de la tectónica de placas, del vulcanismo o de procesos de erosión. A partir de ese momento van a sufrir alteraciones por el contacto con el aire y el agua. Analizando estas alteraciones podemos determinar algunas de las condiciones reinantes. La alteración acuosa —es decir, las reacciones químicas que tienen lugar en la roca en un entorno húmedo— también depende de la temperatura, y por eso sabemos que la joven Tierra era cálida en la superficie. Se ha determinado que el agua ya existía en estado líquido hace 4300 millones de años, y que 500 millones de años más tarde, justo después del Bombardeo Intenso Tardío, la temperatura de los océanos superaba los 60 °C. También disponemos de indicaciones sobre la atmósfera de la Tierra primitiva. Desprovista de oxígeno, probablemente era rica en dióxido de carbono (CO_2) y metano (CH_4). Más adelante explicaré cómo sabemos que el segundo de estos gases estaba presente, pero en cuanto al primero, es bastante sencillo. Por un lado, las atmósferas de otros planetas rocosos (Venus y Marte) contienen este gas de manera muy mayoritaria. En segundo lugar, cuando este gas se disuelve en el agua, la torna más ácida, cosa confirmada por la meteorización de las rocas antiguas. Y esto es lo que necesita la vida para desarrollarse, porque el mundo vivo hace abundante uso del fósforo, elemento que no es fácilmente soluble en agua... salvo en medios ácidos.

Emergencia

Además de ácida, la superficie de nuestro planeta se hallaba bajo una intensa radiación. No porque el Sol fuera más brillante, sino porque la ausencia de dioxígeno en la atmósfera implica también la ausencia de ozono, que es producido constantemente (y luego destruido) en la atmósfera superior a partir del dioxígeno. Este gas nos protege de la radiación ultravioleta emitida por el Sol, lo cual es bueno para los organismos complejos, porque dicha radiación es muy nociva para las frágiles moléculas de los organismos vivos. En aquel entonces, esta radiación destructiva tuvo también su lado constructivo: al romper las moléculas más simples, favoreció su reensamblaje y, por tanteo, la emergencia de los ladrillos más elementales del mundo viviente. Entre estos ladrillos se encuentran los famosos aminoácidos, que son los componentes elementales a partir de los cuales se construyen las proteínas. Para hacer organismos, primero hay que disponer de estos aminoácidos. En la década de 1920, el bioquímico soviético Alexander Oparin (1894-1980) formula la hipótesis de que procesos químicos sencillos son capaces de sintetizar algunos de estos ladrillos básicos. Entiende que esto hay que hacerlo en el agua: en la superficie, la radiación ultravioleta tendría un efecto destructor sobre los precursores de estas moléculas. Esa radiación es en cambio esencial para romper de vez en cuando las moléculas existentes, de modo que al disolverse en el agua puedan recombinarse y formar otras nuevas, esta vez al abrigo de dicha radiación ultravioleta. Pero a través de qué mecanismos se produce esto, Oparin lo ignora. La respuesta llegará en los años cincuenta. El biólogo norteamericano Stanley Miller (1930-2007), primero él solo y luego junto con Harold Urey (el descubridor del deuterio, véase el capítulo 4), intenta simular las reacciones químicas que pudieron haberse producido en la atmósfera de la Tierra primitiva, probablemente compuesta de amoniaco, dióxido de carbono, dihidrógeno, metano y vapor de agua. En lugar de radiación ultravioleta utiliza arcos eléctricos para estimular las reacciones. Después, tras unas horas o días dejando que el experimento siguiera su curso, observa que se ha formado un precipitado de color marrón. Al estudiarlo, descubre que contiene moléculas simples pero nuevas, como urea, ácido cianhídrico y formaldehído, así como algunos de los veinte aminoácidos omnipresentes en los organismos vivos. Sustituyendo los arcos eléctricos por radiación ultravioleta, logra incluso sintetizar todos los aminoácidos de los organismos vivos. El resultado es a la vez fascinante y frustrante: se sintetiza un gran número de moléculas, pero en proporciones muy dispares; solo los aminoácidos más simples se producen en cantidades significativas[3]. Y ante todo, hay otros ladrillos básicos de la vida, los ácidos grasos, que no se sintetizan en absoluto.

¿Quiere eso decir que estas moléculas deben ser producidas por otros mecanismos? ¿O que no se han reproducido con suficiente fidelidad las condiciones de la Tierra primitiva? Aún hoy no sabemos cómo interpretar los resultados de los experimentos de Miller, reproducidos repetidas veces con diversos cambios en las condiciones iniciales. Porque frente a la hipótesis de Oparin existe otra que difiere de ella en cuanto al lugar donde se produjeron estos bloques

3. Todos los aminoácidos se basan en el mismo esqueleto de ocho átomos, al que se añade una parte más o menos compleja llamada el radical. Si las fórmulas químicas no le asustan al lector, tienen la forma NH_2-CHR-$COOH$, donde la «R» corresponde al radical, que puede reducirse a un solo átomo de hidrógeno en el caso de la glicina (el aminoácido más simple), o contener hasta una veintena de átomos diferentes (hidrógeno, oxígeno, carbono, nitrógeno y azufre).

elementales. Si las condiciones de la Tierra primitiva no producen ácidos grasos, ¿no quiere eso decir que se crearon en otra parte, es decir, fuera de nuestro planeta? Se trata de la hipótesis de la panspermia, una idea bastante antigua, ya que su creador fue el antiguo filósofo Anaxágoras (entre 500 y 428 a. C.). Pero la idea recibió renovado interés en los años setenta gracias a un asombroso descubrimiento realizado con el llamado meteorito Murchison. El meteorito cayó en 1969 en la localidad australiana del mismo nombre y es uno de los más primitivos del sistema solar. No se trata de los restos de un objeto mayor que se desintegrara tras su formación, sino del vestigio de uno de los componentes básicos de los planetesimales analizados en el capítulo 5. Además de rocas, el meteorito contiene gran cantidad de moléculas, entre ellas los famosos aminoácidos. Y de una variedad mucho mayor que los producidos por el experimento de Miller: hasta la fecha, no solo se han descubierto en este meteorito los veinte aminoácidos del mundo vivo, ¡sino más de ochenta! Así que es cierto: la síntesis de aminoácidos no es exclusiva de la Tierra. Por otro lado, muchos objetos del sistema solar presentan zonas muy extensas de color parduzco, exactamente como los residuos sólidos formados durante el experimento de Miller. Es el caso de Titán, satélite de Saturno, del planeta enano Plutón, de los satélites de Júpiter Amaltea y Europa, y de Arrokoth, un diminuto cuerpo de apenas unas decenas de kilómetros que la sonda *New Horizons* sobrevoló tres años y medio después de su visita a Plutón. Los residuos de los experimentos de Miller se denominan tolinas, y aunque aún no se ha realizado el análisis *in situ* de los depósitos en las superficies de los cuerpos en cuestión, es muy probable que presenten muchas similitudes con las tolinas de laboratorio, señal de que los procesos que tienen lugar en la superficie de todos estos objetos quizá no sean tan diferentes de los experimentos de Miller. Más interesante aún, las superficies de los cuerpos mencionados muestran matices de color y espectro que indican que no tienen exactamente la misma composición, señal de que los procesos que allí tuvieron lugar no fueron rigurosamente idénticos: la composición de la mezcla inicial probablemente no fue la misma, como tampoco la temperatura o el grado de irradiación por los rayos ultravioleta del Sol, con efectos mensurables en lo que fue producido. En resumen, en la Tierra, y probablemente en otros lugares, hay muchas posibilidades de fabricar ciertos ladrillos básicos de la vida, con muchos matices sutiles.

Todo esto no basta. Es necesario además que todos estos compuestos se unan y tengan la posibilidad de organizarse. La interacción entre estos ladrillos elementales y un sustrato sólido contribuye sin duda a ello, fijándose por ejemplo algunos componentes a intervalos regulares a una superficie (arcillas, por ejemplo) antes de ensamblarse más fácilmente entre ellas. Otra etapa decisiva es sin duda la formación de una membrana tridimensional capaz de aislar su interior del exterior. Esta membrana requiere la presencia de los ácidos grasos antes mencionados, cuyo origen no hay que buscarlo aparentemente en los experimentos de tipo Miller. En cambio, podrían formarse a mayor profundidad en las dorsales oceánicas gracias al vulcanismo submarino. En resumen, hay muchas incógnitas en todo el proceso. Como señalan los científicos que trabajan en este tema, será difícil saber exactamente cómo sucedieron las cosas en la Tierra o en otros lugares: si alguna vez conseguimos recrear la vida en el laboratorio, solo querrá decir que hemos encontrado una posible vía para su aparición, sin saber si fue o no la que tomó nuestro planeta hace unos 4000 millones de años.

Simbiosis

La vida emergió por tanto un día en la Tierra. Al principio era un ser unicelular único, pero con capacidad de reproducción. ¿Qué aspecto tenía? Nadie lo sabe. Lo que los científicos intentan modelizar es el último antepasado común de todos los organismos vivos actuales, que sin duda divergieron desde entonces a partir de un único linaje común. No se conoce el carné de identidad de este lejano antepasado, pero ya tiene nombre: Luca, acrónimo de *Last Universal Common Ancestor*, es decir, último antepasado universal común. No hay ninguna razón para que Luca fuera el primer organismo vivo. Puede que él mismo descendiera del primero de ellos, pero no sabemos cuántos estadios y organismos intermedios le separan de él, ni cuántos otros linajes, hoy extintos, se desarrollaron en el período intermedio.

Uno de los aspectos más notables de la historia de lo viviente, por fragmentarias que parezcan hoy sus primeras fases, es la capacidad de modelar la Tierra a lo largo del tiempo y adaptarse a los cambios impuestos a y por nuestro planeta. Unas páginas más arriba dije que la Tierra primitiva estaba muy caliente, lo que en realidad es bastante sorprendente. En un capítulo anterior también dije que una estrella era un objeto en una configuración notablemente estable, pero ahora es el momento de matizar esa afirmación. En la actualidad, el Sol brilla porque transforma hidrógeno en helio en esa larga fase que es la secuencia principal (véase el capítulo 3). En apariencia, nada cambia. El hidrógeno se transforma en helio, y mientras no se agoten las reservas, la configuración parece perfectamente estacionaria. Pero no del todo. Para formar un único núcleo de helio se han fusionado en varias etapas cuatro protones y dos electrones. Durante la transformación, la masa ha cambiado muy poco: el núcleo de helio es apenas un 0,7 % menos masivo que sus constituyentes, y la diferencia de masa se convierte en energía y, por tanto, en radiación y calor a través de la inevitable $E = mc^2$. Esta diferencia de masa es en sí misma totalmente despreciable, pero a pesar de todo hay un cambio: el *número* de constituyentes del Sol disminuye con el tiempo. De entrada hay muchos protones y electrones, y son sustituidos para fabricar un número seis veces menor de núcleos de helio. Pero lo que hace que una estrella sea estable es el equilibrio establecido entre el campo gravitatorio y las fuerzas de presión. Y estas últimas están determinadas en parte no por la masa de los constituyentes, sino por su número. A medida que disminuye ese número, las fuerzas de presión pierden eficacia, el núcleo del Sol se contrae ligeramente y su densidad aumenta, al igual que la velocidad de las reacciones y, por tanto, el brillo de nuestra estrella. Aunque el cambio es muy lento, la luminosidad del Sol aumenta con el tiempo, a razón de un 5 o un 10 % por cada mil millones de años. Sumado a lo largo de toda su existencia, empieza a ser mucho: el Sol brillaba de joven probablemente un 30 % menos que el Sol actual. Entonces, ¿cómo explicar que los océanos de la Tierra se calentaran a más de 60 °C en aquella época, cuando deberían estar helados? A esta observación los anglosajones la llaman la «paradoja del Sol joven y débil» (en el sentido de débilmente luminoso). Data de 1972 y fue pergeñada por el famoso astrofísico y divulgador norteamericano Carl Sagan (1934-1996), que también acuñó el término «tolina» antes mencionado. Como la expresión no suena bien en francés, en Francia se prefiere utilizar el término «paradoja del Arcaico», llamado así por la antigua era geológica que comenzó hace cuatro mil millones de años, aproximadamente concomitante con la aparición de la vida y cuando sabemos que la temperatura de la Tierra era muy alta.

¿Una Tierra mucho menos calentada por un Sol a la sazón debilucho y sin embargo mucho más caliente que hoy? La solución a la paradoja está en la atmósfera terrestre. Las atmósferas actúan a menudo como mantas. Los rayos del Sol las atraviesan sin dificultad y depositan su energía en el suelo, que reemite esta energía en forma de radiación infrarroja. En determinadas condiciones, esta queda como atrapada por la atmósfera y tarda un tiempo en escapar. El equilibrio es por supuesto neutro: entra en la atmósfera tanta luz visible como sale de ella en forma de radiación infrarroja. Lo que importa es el tiempo de estancia de esta última: cuanto más largo sea, mayor será la temperatura en la superficie del planeta. Podemos ilustrarlo con un simple cálculo. La temperatura media que prevalecería en la superficie de la Tierra en ausencia de atmósfera sería de unos −19 °C. La verdadera temperatura media de nuestro planeta es de unos 15°C, es decir, 34 grados más. Es gracias a la atmósfera y a su efecto «manta» que las condiciones son clementes en la Tierra, una situación que se debe a los gases que son minoritarios. Los físicos atómicos saben ahora que los gases que retienen la radiación infrarroja con cierta eficacia son moléculas que contienen al menos tres átomos. Ni el nitrógeno, en forma de dinitrógeno (N_2), ni el oxígeno (O_2), ni el argón (un gas monoatómico) son de utilidad en este contexto, aunque son con mucho los más abundantes. Lo que sí recalienta efectivamente la atmósfera es el vapor de agua (H_2O, tres átomos), el dióxido de carbono (CO_2, tres átomos) y el metano (CH_4, cinco átomos). Como el vidrio tiene la misma propiedad de ser transparente a la luz visible y relativamente opaco a la radiación infrarroja, se habla de efecto invernadero, aunque la atmósfera funciona de forma muy distinta al invernadero de un jardinero. Con un Sol un 30 % menos luminoso que el actual, la temperatura media de la Tierra primitiva en ausencia de efecto invernadero debería haber sido de −40 °C, es decir, 100 grados menos de lo que se calcula que era.

No sabemos exactamente de qué estaba hecha la atmósfera de la Tierra primitiva, pero todo apunta a que era mucho más rica en gases de efecto invernadero. Hoy en día, dejando a un lado la dramática influencia de las actividades humanas sobre el clima, el vulcanismo inyecta constantemente CO_2 en la atmósfera: el CO_2 que incorporaron las rocas al formarse en el disco protoplanetario pueden liberarlo por desgasificación al acceder a la superficie del planeta. La tasa actual no se conoce bien, pero se estima en unos cientos de millones de toneladas al año[4]. La Tierra primitiva, mucho más caliente en su centro de lo que es ahora, era volcánicamente más activa y las concentraciones de dióxido de carbono atmosférico eran mayores. Sin embargo, incluso antes de la aparición de la vida, este dióxido de carbono no se concentraba en proporciones constantemente crecientes.

---

4. A efectos comparativos, las actividades humanas generan actualmente unos 40 000 millones de toneladas de CO_2 al año, es decir, unas cien veces más que el vulcanismo.

Probablemente se disolvía en el agua y se depositaba luego en las rocas de los fondos oceánicos donde, con la ayuda de la tectónica de placas, volvía a quedar enterrado. Por consiguiente, no se produjo necesariamente una acumulación catastrófica de este gas en la atmósfera, sino tan solo un desplazamiento de su concentración de equilibrio con respecto al periodo actual.

Aparecieron luego los primeros organismos vivientes. Al principio no producían oxígeno, pero la aparición, hace unos 2 700 millones de años, de ciertos organismos unicelulares llamados cianobacterias[5] vino acompañada de la invención de la fotosíntesis: estos organismos obtienen su energía de la captación de dióxido de carbono, CO_2 que luego transforman mediante energía luminosa para fabricar diversas moléculas, entre ellas glucosa, otro elemento constitutivo de lo viviente, liberando el oxígeno que no necesitan: al principio, el oxígeno no es más que un producto de desecho. Al morir estos organismos, el carbono del que están compuestos puede ser oxidado por el oxígeno que han producido, en cuyo caso el balance es neutro. Pero también puede enterrarse en los sedimentos marinos y quedar allí almacenado, lo que se conoce como sumideros de carbono. Por tanto, el contenido global de CO_2 de la atmósfera va a disminuir, al igual que la intensidad del efecto invernadero, y ello a medida que, por razones completamente distintas, el brillo del Sol aumenta. Sin que nada estuviese acordado de antemano, la temperatura de la Tierra varía finalmente

5. Su nombre proviene del color de algunos de ellos, azul cian. Sin embargo, las numerosas variedades de cianobacterias pueden adoptar colores muy diferentes, entre otros verde y rojo.

relativamente poco gracias a un sutil equilibrio resultante de la combinación de multitud de factores astronómicos, geológicos y biológicos.

Sin embargo, no todo discurrió como la seda. Entre 200 y 300 millones de años después de este fenómeno de oxigenación de la atmósfera (conocido como la Gran Oxigenación), es decir, hace 2450 millones de años, hay numerosas huellas en la superficie de nuestro planeta de la presencia de casquetes de hielo, incluso en las proximidades de regiones tropicales e incluso ecuatoriales: la Tierra sufrió claramente un episodio de glaciación global, conocido como «Tierra bola de nieve». La escala y la duración del fenómeno son enormemente grandes. Se cree que este fenómeno se debió a que la atmósfera primitiva de la Tierra también contenía grandes cantidades de metano (volveremos sobre ello más adelante). El metano habría reaccionado rápidamente con el oxígeno terrestre producido por las cianobacterias para formar dióxido de carbono. Y en cuanto a su eficacia para producir el efecto invernadero, el metano es incomparablemente mejor que el CO_2. Al eliminar el metano en favor del CO_2, el oxígeno terrestre provocó una disminución rápida y catastrófica del efecto invernadero atmosférico y una reducción drástica de las temperaturas terrestres. La actividad biológica se redujo sin duda mucho durante un tiempo, al igual que la producción de oxígeno, mientras que el vulcanismo siguió liberando CO_2, lo que permitió una lenta recuperación del efecto invernadero y la salida de esta glaciación muchas decenas de millones de años después, con un nuevo florecimiento del mundo viviente.

Habría mucho que decir sobre todas las pruebas por las que ha pasado lo viviente desde entonces, pero no hay duda de que los paleontólogos y geólogos hablarían de ello mucho mejor que este autor. Digamos simplemente que hoy día no hay nada en la superficie de la Tierra que no haya sido influido por lo viviente: la atmósfera, cuya composición es radicalmente diferente de la de Venus, pero también la superficie. Al mantener la temperatura del planeta relativamente constante durante miles de millones de años, la vida ha permitido que la superficie sea moldeada constantemente por procesos de erosión relacionados con el agua. Las rocas mismas no se salvaron de ese proceso. La presencia de oxígeno en la atmósfera produce fenómenos de alteración que antes no habían ocurrido. El número de minerales terrestres aumentó considerablemente a partir del momento en que el oxígeno estuvo disponible y pudo reaccionar con los compuestos minerales presentes. En ese sentido, resulta tentador pensar que la vida y la Tierra seguirán siendo para siempre indestructibles mientras se apoyen mutuamente en su evolución conjunta, pero no será así. Todo tiene un fin, y es a este al que vamos a dedicar ahora el final de este libro.

8. ¿Y después?

Mundos en colisión

Si hoy existimos es porque ninguna de las pruebas por las que ha pasado la biosfera la ha erradicado. La Gran Oxigenación y la era glacial que probablemente provocó, los demás fenómenos climáticos extremos, las extinciones masivas que han marcado la historia de la vida multicelular, las colisiones con cometas o asteroides de varios kilómetros de diámetro como el que provocó la desaparición de los dinosaurios, nada de eso impidió que la vida sobreviviera o que la Tierra siguiera siendo lo que es. La biosfera en su conjunto ¿puede considerarse desafortunada por haber tenido que soportar tantos avatares, o más bien afortunada por haber evitado lo peor? Y ¿qué habría sido lo peor?

En 1846, los cálculos de Le Verrier le permitieron descubrir Neptuno «con la punta de la pluma» (véase el capítulo 1). A lomos de este triunfo, intentó, esta vez sin éxito, descubrir un hipotético planeta muy cercano al Sol, que, pensaba él, perturbaba el movimiento de Mercurio[1]. Luego se dedicó a la que podría haber sido la mayor obra de su vida: el estudio de la estabilidad del sistema solar. El problema era el siguiente: si todos los planetas se influyen entre sí, ¿qué nos dice que las perturbaciones inducidas en sus movimientos no son más que pequeñas perturbaciones? ¿No existe por el contrario el riesgo de que a largo plazo las órbitas de los planetas acaben cambiando por completo? ¿Y para la Tierra y su frágil biosfera, un riesgo considerable para su supervivencia?

Le Verrier no fue el primero en interesarse por esta cuestión. El propio Isaac Newton era consciente de que las influencias mutuas de los planetas podían perturbar la estabilidad de sus órbitas, y un siglo después Pierre-Simon Laplace, en su *Traité de mécanique céleste* (1799), intentó abordar el problema por el método de aproximaciones sucesivas. Como sus dos ilustres predecesores, Le Verrier murió sin tener la respuesta a esta cuestión. Hay que decir que el problema que abordaba era demasiado ambicioso para la época. En la práctica es imposible tener en cuenta todas las perturbaciones. Lo que hizo Le Verrier para estudiar los movimientos de Urano y Mercurio es lo que los físicos llaman un «tratamiento perturbativo». Partimos del movimiento de los planetas sin tener en cuenta sus perturbaciones mutuas, para luego modelizar estas últimas de manera aproximada y determinar en qué medida los movimientos son perturbados por esta primera aproximación. Después, a partir de esta nueva forma de movimiento, añadimos una perturbación adicional, un poco más precisa aún, y vemos cuáles son las consecuencias.

1. Véase *Por qué E = mc²*, Madrid, Alianza Editorial, 2025.

Presentado de esta manera, se tiene la impresión de que el proceso debería converger con bastante rapidez, pero no es ese el caso. Cada nueva iteración del método es más compleja de implementar que la anterior. Además, modifica el futuro de las trayectorias de una manera que se vuelve cada vez más difícil de predecir a muy largo plazo.

Hay que decir que las leyes de la gravitación son frustrantes a este respecto. Dos objetos que orbitan uno alrededor del otro tienen una trayectoria fácil de modelizar: Newton lo logró tan pronto como estableció esas leyes en 1687. Pero enseguida se ve que modelizar exactamente cómo influyen tres cuerpos en sus trayectorias mutuas es incomparablemente más difícil. En el siglo XVIII se encontraron algunas raras soluciones exactas. En 1767, el matemático Leonhard Euler (1707-1783) describió el movimiento de tres astros de idéntica masa bajo la hipótesis de que uno está inmóvil en el centro y los otros se mueven simétricamente alrededor de él. Cinco años después, Lagrange encuentra la solución para los asteroides troyanos que mencionamos brevemente en el capítulo 6, donde un cuerpo de masa insignificante acompaña, como congelado, la órbita mutua de otros dos cuerpos. Estos son solamente casos muy particulares. El problema resiste todas las tentativas, lo que deja pocas esperanzas de encontrar algún día una solución general. Incluso imaginando una situación simplificada con un astro central, el Sol, que domina en masa a dos planetas, el problema solo parece posible de abordar mediante diferentes aproximaciones cuya robustez a largo plazo parece imposible de determinar. El problema ocupa a muchos grandes matemáticos del siglo XIX y conoce un resultado decisivo obtenido por el francés Henri Poincaré (1854-1912) en 1890: la evolución de un sistema de este tipo depende crucialmente de la posición y velocidad iniciales. ¿Deja eso alguna esperanza de que la evolución de tal sistema sea calculable? Diecinueve años después, el finlandés Karl Sundman (1873-1949) encuentra finalmente un método para predecirla exactamente. El problema es que esta evolución requiere agregar un número infinito de términos; de lo contrario, la predicción de la trayectoria es imperfecta. Para obtener un resultado de una precisión determinada es suficiente un número finito de términos, pero si multiplicamos por dos el tiempo durante el cual queremos seguir la evolución del sistema, el número de términos que es necesario calcular se multiplica por ocho, y por mil si queremos conocer la evolución en un período de tiempo solo diez veces mayor. En definitiva, el trabajo de Sundman es matemáticamente perfecto... pero totalmente inutilizable en la práctica: lo que es una solución para un matemático no siempre lo es para un físico o un astrónomo.

A principios del siglo XX resulta difícil entender lo que realmente ocurre. Hay que esperar a la llegada de la informática para ver las cosas con mayor claridad y, sobre todo, a que el azar ponga en el camino de los físicos una situación más fácil de resolver, una especie de piedra de Rosetta matemática. La cosa ocurrió a principios de los años sesenta en un campo sin relación directa con la gravitación, a saber, la meteorología. Con los balbuceos de los primeros ordenadores de la época, los meteorólogos llevan a cabo experimentos numéricos sobre un problema muy rudimentario: nada de predecir el tiempo que hará mañana a escala de un país o de un continente, lo que les interesa aquí a los investigadores es la aparición de fenómenos de convección en la atmósfera y su evolución futura. En el modelo utilizado intervienen solo tres magnitudes físicas, que se supone que no dependen del espacio. Únicamente se modeliza su evolución temporal, según un juego de ecuaciones simplificado donde la evolución de una magnitud en un momento dado depende de su valor y del de las otras dos en ese mismo momento. Como los ordenadores de la época son de una fiabilidad aleatoria, a veces ocurre que el programa se planta y hay que reiniciarlo desde el principio. Un día, el meteorólogo norteamericano Edward Lorenz (1917-2008) se encuentra una vez más con ese problema. Para ahorrar tiempo y evitar tener que empezar todo de nuevo, ha pensado en imprimir en una hoja de papel el valor de las tres magnitudes a cada iteración del programa. Después de plantarse el programa, decide recomenzar no desde el principio sino desde una de las etapas intermedias, introduciendo en el programa, como condiciones iniciales, las condiciones encontradas poco antes de plantarse. Las etapas mostradas por el programa entre el momento en que Lorenz decide reiniciarlo y el momento de plantarse deben permitirle verificar que el nuevo programa da el mismo resultado, pero para su gran sorpresa Lorenz comprueba que no es así. En el nuevo programa no ha introducido los valores *exactos* del programa anterior, sino solo los valores mostrados, que solo tienen tres decimales, mientras que la memoria del ordenador conserva seis. Lorenz descubre que una diferencia mínima en los valores retenidos —menos del 0,01 %— afecta drásticamente la evolución del sistema (sin embargo rudimentario) que está estudiando. Rápidamente publica sus resultados, que al principio solo son conocidos por los especialistas. La historia llama realmente a su puerta nueve años después, en 1972. Durante una conferencia ante la Asociación Estadounidense para el Avance de la Ciencia

presenta una ponencia cuyo título tiene una rara fuerza evo-
cadora y poética: «Predictibilidad: ¿El batido de alas de una
mariposa en Brasil desencadena un tornado en Texas?». El
efecto mariposa. En la cultura popular, la expresión hace fortuna, hasta el punto de usarse indiscriminadamente: el trabajo
de Lorenz se refiere a la extrema sensibilidad de un sistema
a las condiciones iniciales, y eso se asimila abusivamente al
hecho de que una causa ínfima puede tener grandes efectos.
Por supuesto, puede que sí, pero no de forma sistemática.

A la inversa, el efecto mariposa en la versión de Lorenz es
un fenómeno muy genérico en meteorología, y no solamente
en ella. La teoría del caos —su nombre científico— se inmis-
cuye gradualmente en muchas áreas de la física y acaba por
irrumpir en la astronomía. En los años ochenta y noventa el
francés Jacques Laskar (nacido en 1955) revela la omnipresen-
cia del caos en el sistema solar. Para ser más exactos, demuestra que las órbitas de los cuatro planetas gigantes son
estables a muy largo plazo, pero que para los planetas telúricos, especialmente para Mercurio y, en menor medida, para
Marte, reina en cambio la incertidumbre. ¿Hasta qué punto?
Los cálculos indican que las interacciones entre planetas
pueden modificar sus órbitas, pero no de cualquier forma.
Su distancia mediana al Sol es poco probable que varíe. En
cambio, su circularidad, sí. Esto significa que sus distancias
máxima y mínima al Sol variarán con la misma amplitud. Y
si estas diferencias de distancia son suficientes, entonces las
órbitas de los planetas pueden aproximarse peligrosamente.
De ordinario, como los planetas evolucionan lejos unos de
otros, su influencia mutua es débil. Pero si tienen la oportunidad de tener encuentros cercanos, entonces sus trayectorias pueden verse alteradas radicalmente. Los trabajos de

Laskar muestran que eso puede suceder. En ese caso hay dos posibilidades: o bien, a raíz del encuentro, la órbita de los planetas cambia drásticamente, hasta el punto de que uno de los dos, generalmente el menos masivo, puede incluso ser expulsado del sistema; o bien ocurre el mismo tipo de suceso que durante la infancia del sistema solar y del cual la formación de la Luna es quizás el vestigio más reciente: una colisión.

Y Einstein salvó la Tierra

¿Podemos cuantificar ese riesgo? En simulaciones realizadas en 2009, Laskar parte de condiciones iniciales correspondientes a la mejor estimación de las posiciones y velocidades de los planetas en una época reciente. Luego las hace evolucionar a lo largo de varios miles de millones de años, resolviendo con la mayor precisión y rapidez posibles las ecuaciones que rigen su movimiento, dictadas por las leyes de la gravitación. Newton encontró una primera aproximación de estas leyes en 1687, antes de que Einstein diera una mejor descripción en 1915[2]. Con una sola simulación es imposible decir nada sobre la estabilidad del sistema solar. Pero cambiando una pizca estas posiciones (en este caso moviendo Mercurio una fracción de milímetro con cada nueva simulación), se puede llevar a cabo una exploración numérica y estadística de los posibles resultados de la futura evolución del sistema solar. El efecto mariposa se manifiesta entonces en que el ínfimo desplazamiento de Mercurio provoca

2. Véase *Por qué E = mc²*, Madrid, Alianza Editorial, 2025.

considerables alteraciones en el devenir de su órbita. En la mayoría de los casos, sigue siendo aproximadamente circular y no se aleja mucho de su posición actual. Pero en otros se hace considerablemente ovalada, hasta el punto de cruzar la de Venus, con la que a veces interactúa fuertemente, momento a partir del cual, como elefante en cacharrería, provoca perturbaciones en cascada entre los cuatro planetas rocosos. Con un resultado a veces catastrófico. En algo menos del 1 % de los casos, Mercurio es expulsado del sistema solar o acaba sumergido en el Sol. En algunos otros casos se producen encuentros muy cercanos entre planetas, como cuando Marte pasa rozando la Tierra a menos de 1000 kilómetros de distancia. Sin ser una colisión, un paso tan cercano sería de lo más catastrófico: al pasar tan cerca de la Tierra, Marte se deformaría fuertemente y el campo gravitatorio de la Tierra lo rompería en parte debido a los efectos de marea (véase el capítulo 6); y parte de sus escombros caerían sin duda sobre la Tierra: incluso sin colisión, el apocalipsis es posible.

De las 2501 simulaciones realizadas, una de ellas es especialmente problemática, con un impresionante efecto dominó en todos los demás planetas. Así que Laskar se entretuvo en hacer nuevos ensayos a partir de las condiciones de esa simulación, modificando esta vez una pizca la posición inicial de Marte (apenas 0,15 milímetros de una simulación a otra): si la posición de Mercurio provoca importantes trastornos, cambiar la posición de Marte permite ver su posible alcance. Veredicto: de las 201 pruebas realizadas, cinco conducen a la expulsión de Marte del sistema solar y las otras 196 a colisiones: Mercurio o Marte con el Sol, o una colisión entre dos planetas, estando implicada la Tierra en cuarenta y ocho casos, o el 25 % del total. ¿Debemos concluir de esto que el apocalipsis está a la vuelta de la esquina? No. En primer lugar, solo una simulación de las 2501 realizadas inicialmente es realmente problemática, lo que solo representa el 0,04 % de los casos. Y, en general, la catástrofe ocurriría dentro de muchos miles de millones de años. Un apocalipsis improbable que ciertamente no será para mañana. Para los más ansiosos, recuerden que pueden dormir tranquilos.

El origen de todas las perturbaciones observadas en determinadas simulaciones es una fuerte modificación de la órbita de Mercurio, que a veces provoca consecuencias en cascada. En otras palabras, Mercurio es el «eslabón débil» del sistema solar. Para saber por qué y hasta qué punto era ese el caso, Laskar se entretuvo en repetir las mismas simulaciones pero utilizando las leyes de gravitación de Newton en lugar de las de Einstein. Con un resultado sorprendente: ¡los riesgos de desestabilización son mucho más frecuentes! Para ser más precisos, en su conjunto inicial de 2501 simulaciones, solo en veinte, o el 0,8 %, Mercurio sufría una ovalización extrema de su órbita, premisa de una evolución potencialmente peligrosa para los demás planetas. Usando las leyes de gravitación de Newton, la probabilidad aumenta del 0,8 al... ¡60 %!

La razón exacta de esta diferencia no es obvia. Las ínfimas correcciones que el segundo juego de leyes aporta en comparación con el primero no indican de manera manifiesta que limitan los riesgos de encuentros cercanos o colisiones entre planetas, por lo que quizás sea una casualidad. Lo que realmente puede conducir a colisiones son los fenómenos de resonancia que mencionamos brevemente en el capítulo 5 y que favorecían sucesivas colisiones entre los protoplanetas. Parece que las ínfimas diferencias entre las leyes de Newton y las de Einstein influyen en la eficacia de estas resonancias, sin que se comprenda muy bien por qué. En cualquier caso, lo que vale para el futuro vale también para el pasado: quizás la Tierra ya haya evitado una inmensa catástrofe «gracias» a las leyes de gravitación de Einstein.

Nada es eterno

Durante mucho tiempo, las reflexiones sobre el futuro y el fin del mundo, que incluso tienen su propio nombre, bastante curioso, la escatología, fueron dominio exclusivo de filósofos y religiosos. A partir de mediados del siglo XIX, las reflexiones de los científicos sobre la fuente de energía y la esperanza de vida del Sol entronizan este ámbito en el campo científico. Si no se produce ningún cataclismo de aquí a entonces, está claro que el fin del Sol sellará el fin de la vida en la Tierra. En el siglo XIX, la comprensión de que el Sol solamente podía brillar durante un tiempo finito dio lugar al concepto de muerte térmica del universo. La ciencia nos confronta por tanto con nuestra finitud, no solamente en tanto que individuos, sino como especie, como habitantes de la nave *Tierra*. Angustias reales pero inútiles para algunos, ante la imposibilidad de luchar contra lo inevitable, como lo resume el escritor Joseph Conrad en 1898: «Del destino de la humanidad condenada en última instancia a perecer de frío no merece la pena preocuparse. Si te lo tomas en serio, se convierte en una tragedia insoportable. Si crees en el progreso, entonces debes lamentarte, porque la perfección alcanzada debe terminar en el frío, la oscuridad y el silencio».

Del otro lado del Canal de la Mancha la preocupación no es menor. En su famosa *Astronomie populaire* (1880), Camille Flammarion tiene un pensamiento para los últimos seres humanos, condenados, según él, a morir de frío. En su opinión, es la Tierra misma la que se hará cargo del trabajo. Hoy día, piensa Flammarion, las aguas superficiales se filtran en el suelo donde acaban vaporizándose debido a las altas temperaturas del interior terrestre. Pero cuando la Tierra se haya enfriado, esta agua abandonará la superficie para siempre y la Tierra, desprovista de vapor de agua y de su efecto invernadero, se enfriará. Las latitudes templadas se volverán tan glaciales como las regiones polares actuales, convirtiéndonos en refugiados climáticos y obligándonos a exiliarnos hacia el ecuador. Ilustrando su idea con un grabado que muestra un paisaje nevado en el que dos esqueletos tiernamente entrelazados intentan mal que bien cubrir con sus brazos descarnados el de un niño, mientras una osamenta de animal (¿un perro?) yace a su lado, Flammarion predice, con su lirismo habitual:

Desde la cima de las montañas, el manto de nieve descenderá sobre mesetas y valles, echando delante de él a las civilizaciones y enmascarando para siempre las ciudades y naciones que encuentre a su paso. La vida y las actividades humanas se desplazarán gradualmente hacia la zona intertropical. San Petersburgo, Londres, París, Berlín, Viena, Constantinopla, Roma, se dormirán sucesivamente bajo su eterno sudario. Durante siglos, la humanidad ecuatorial emprenderá en vano expediciones árticas para encontrar bajo el hielo el sitio de París, Lyon, Burdeos, Marsella. Las orillas de los mares habrán cambiado y el mapa geográfico de la Tierra se transformará. Ya no se vivirá, ya no se respirará más que en la zona ecuatorial, hasta el día en que la última tribu venga a asentarse, ya muerta de frío y de hambre, a la orilla del último mar, bajo los rayos de un pálido sol que ahora solo iluminará aquí abajo una tumba ambulante en torno a una luz inútil y un calor infecundo. Sorprendida por el frío, la última familia humana ha sido tocada por el dedo de la Muerte, y pronto sus huesos quedarán enterrados bajo el sudario de los hielos eternos.

Aunque conmovedoras, estas consideraciones yerran en cuanto a la dirección que tomará la temperatura. La biosfera no perecerá de frío, sino de calor, mucho después de que la humanidad haya desaparecido como especie viviente. Como dije en el capítulo anterior, la luminosidad de una estrella de tipo solar aumenta lentamente durante la secuencia principal, a un ritmo del 5 al 10 % cada mil millones de años. La relativa constancia de la temperatura de la Tierra es el resultado de la afortunada combinación de este aumento y de los cambios progresivos en la composición de la atmósfera terrestre, que se empobreció de gases de efecto invernadero. Esto solo fue posible porque el joven Sol era relativamente poco luminoso y la atmósfera primitiva era muy rica en gases de efecto invernadero. Es evidente que si el Sol se hace demasiado luminoso, ni siquiera una atmósfera completamente libre de gases de efecto invernadero servirá ya de nada. Pero esa es la situación con la que se va a enfrentar la biosfera. ¿Cuándo y cómo? Los detalles son difíciles de precisar.

A medida que la Tierra se calienta debido al aumento de la luminosidad del Sol, aumenta la evaporación de las aguas superficiales, lo que amplificará el aumento de las temperaturas porque el vapor de agua es un gas de efecto invernadero. A diferencia de lo que sucede hoy, la temperatura de la Tierra estará controlada por un efecto invernadero calificado de «húmedo». Con más vapor de agua, habrá más dióxido de carbono atmosférico que se disolverá en las gotitas de agua y caerá en forma de lluvia al suelo. Reaccionará más eficazmente con las rocas y se fijará a ellas. Paradójicamente, este recalentamiento se traducirá en una disminución del contenido de dióxido de carbono atmosférico. Lo cual es una muy mala noticia: la fotosíntesis de los organismos vegetales solo es posible porque el contenido de CO_2 es suficientemente alto. Al cabo de un tiempo, ya no será así. Y es imposible esperar que el vulcanismo acuda en nuestra ayuda. La actividad volcánica está asociada al hecho de que el interior de la Tierra aún está caliente, gracias al calor acumulado durante su formación y a la radiactividad. Pero estas dos fuentes de calor disminuyen con el tiempo y el vulcanismo está condenado a cesar poco a poco, como ya ocurre en la Luna o Marte. Privada de su principal fuente de carbono y perjudicada por la aceleración de las pérdidas de este último, la atmósfera se hará más pobre en dióxido de carbono, llevando ineluctablemente a la muerte de los organismos vegetales y al colapso lento y progresivo de la cadena alimentaria. En ausencia de fotosíntesis y del ciclo respiratorio de las plantas, el oxígeno atmosférico reaccionará rápidamente con las rocas y otros compuestos de la superficie de nuestro planeta, disminuyendo también en nuestra atmósfera: quienes no mueran de calor o de hambre, morirán de asfixia... o tal vez sobrevivirán. ¿La continuación?

La biosfera estará dominada por organismos que no necesitan oxígeno y que, de preferencia, soportan altas temperaturas. Probablemente serán organismos unicelulares como los que existen hoy en día, porque no hay razón para pensar que las cosas serán diferentes cuando lleguen los tiempos asfixiantes y sombríos que he descrito. La temperatura seguirá aumentando debido al aumento de la actividad del Sol, provocando un efecto invernadero húmedo cada vez más intenso. En esta atmósfera anóxica (es decir, desprovista de oxígeno) tampoco habrá ozono ni por tanto ningún filtro de rayos ultravioleta. Los seres que aún existan morirán por irradiación. Después de todo, de algo hay que morir. Los supervivientes (las bacterias) estarán condenados a refugiarse bajo tierra. Más grave aún, sin ozono, la radiación ultravioleta no tendrá ninguna dificultad para disociar el vapor de agua en oxígeno e hidrógeno. Ahora bien, un planeta retiene tanto mejor sus componentes atmosféricos cuanto más masivos son. Esta es la razón por la que hoy en día no hay hidrógeno ni helio en la atmósfera terrestre. El hidrógeno producido por la disociación del vapor de agua también escapará de la atmósfera para siempre, dejando solamente el oxígeno, que reaccionará rápidamente con todo a su alcance. En cualquier caso, ya no habrá agua, y no se ve cómo podría sobrevivir la vida.

Los últimos organismos ¿morirán de calor, de hambre, de asfixia, de irradiación o de sed? Eso dependerá de la temporalidad de las diferentes etapas mencionadas anteriormente, y de la capacidad de la biosfera para adaptarse a ellas. Sin embargo, existe consenso en que dentro de dos mil millones de años la Tierra bajará la persiana como refugio propicio para la vida. Pero incluso desprovista de vida, seguirá existiendo... aunque no necesariamente para siempre.

En todas las estrellas lo suficientemente masivas como para iniciar la combustión de helio (es decir, todas aquellas

que superan media masa solar), el final de la secuencia
principal irá acompañado de una compleja reordenación
de su estructura. En el centro de una estrella de tipo solar
la materia no se entremezcla. La combustión del hidrógeno
en helio disminuye la reserva de hidrógeno del núcleo de la
estrella sin que el hidrógeno disponible en la periferia pueda
migrar hacia el núcleo. Una vez completamente desprovisto
de hidrógeno el núcleo, la combustión del hidrógeno va a
migrar progresivamente hacia el exterior, a un ritmo cada vez
mayor. Para evacuar este exceso de energía, la estrella va a
reorganizarse y a aumentar considerablemente de tamaño.
Con una superficie también más extensa, el Sol no tendrá
ni siquiera necesidad de estar tan caliente en la superficie.
Su temperatura superficial descenderá y adquirirá un color
rojizo. Como todas las estrellas de su categoría, pasará por
la etapa de gigante roja, identificada por Ernst Öpik a finales
de los años treinta. Para la Tierra, esta fase será probablemente el fin de todas las cosas. La distancia Tierra-Sol es
actualmente igual a doscientas treinta veces el radio de nuestra estrella. Sin embargo, según los modelos de evolución
estelar, ese radio se multiplicará por doscientos cincuenta
aproximadamente. Esto significa que la superficie del Sol
englobará la órbita del planeta y que por tanto este quedará
destruido. ¿Con seguridad? Casi. Es en esta fase cuando
nuestra estrella sufrirá las importantes pérdidas de masa
mencionadas en el capítulo 3. Gracias a ellas, la Tierra
estará menos ligada al Sol y girará lentamente en espiral
hacia afuera a medida que el Sol se aligera. El problema
es que estas pérdidas de masa serán bastante irregulares y
probablemente se producirán a ráfagas, lo que «contami-
nará» regularmente la órbita de la Tierra y la frenará en su

trayectoria por encima de la ardiente superficie que se acerca peligrosamente a ella. ¿Conseguirá la Tierra alejarse del Sol en plena cura de adelgazamiento de este, o será frenada por él? Las numerosas incógnitas del problema impiden dar una respuesta definitiva, pero parece muy probable que el resultado más realista sea el de una Tierra engullida por el Sol dentro de 7600 millones de años, apenas 500 000 años antes de que este alcance brevemente la cima de su brillo. Luego perderá alrededor del quince por ciento de la masa restante durante un último sobresalto que se producirá 150 millones de años más tarde, expulsando de paso parte de lo que fue la Tierra. Por lo tanto, una parte de nuestro planeta será devuelta al medio interestelar, de donde quizás nacerán otras estrellas, conforme al ciclo del medio interestelar que funciona desde hace más de trece mil millones de años.

¿Dónde están?

Enrico Fermi (1901-1954) fue un físico norteamericano de origen italiano. Se ganó un lugar en la historia de la ciencia por sus trabajos en el campo de la física nuclear. Está considerado como uno de los primeros investigadores que vislumbró el potencial devastador de la ecuación $E = mc^2$, y no es extraño que se interesara por las consecuencias de la famosa ecuación en esta área de la física. Fue en Italia donde consiguió los resultados científicos más importantes y fue galardonado con el Premio Nobel de Física en 1938. Gracias a sus trabajos en mecánica cuántica, y junto con algunos de sus contemporáneos, llegó al resultado de que las partículas elementales pueden clasificarse en dos categorías, una de las cuales recibió el nombre de «fermiones» en su honor. Emigrado a Estados Unidos en 1939 a causa de las leyes antisemitas decretadas por Benito Mussolini, fue en su país de adopción donde sería el primero en producir una reacción en cadena controlada, un paso decisivo en el desarrollo del arma atómica.

En homenaje a sus numerosos trabajos, es uno de los pocos científicos que tienen un elemento químico bautizado en su honor, en este caso el fermio, con cien protones. De vida muy corta (cien días de media en su configuración más estable), el fermio debe su presencia en la Tierra al trabajo de los físicos nucleares y a las pruebas atómicas, dos campos en los que, para bien y para mal, Fermi destacó. Investigador polifacético, se interesó también por las leyes de gravitación de Einstein e introdujo las así llamadas «coordenadas de Fermi». El mayor centro norteamericano de investigación en física de partículas, el Fermilab, fue bautizado en su honor, y recibió asimismo otros honores de la NASA, que dio su nombre a un telescopio espacial, lanzado en 2008, dedicado a la observación de los rayos luminosos más energéticos (los rayos gamma). Para los aficionados a las anécdotas del Nobel, también es conocido por ser uno de los pocos científicos que fueron galardonados por razones que no eran correctas. No es que fuera un impostor, ni mucho menos, sino porque el motivo concreto invocado por el comité del Nobel para justificar su elección, a saber, la síntesis de nuevos elementos radiactivos en 1934, resultó provenir de un artículo incorrecto.

Pero todos estos logros, gloriosos o anecdóticos, no justifican la presencia de este señor en el presente libro. Si les hablo aquí de él no es por sus trabajos en física nuclear, ni siquiera en la física en general. Lo que hace inevitable la mención de su nombre en las páginas finales de este libro es una pregunta que formuló en 1950 durante un debate informal con algunos colegas. Esa pregunta, incluso *la* pregunta, dirán quizás aquellos que están interesados en el problema de la vida en el universo, fue: «¿dónde están?». El sujeto de la frase eran las inteligencias extraterrestres. ¿Cómo es posible, preguntó Fermi un día de 1950, que en la inmensidad de las estrellas de nuestra galaxia no haya otras que alberguen planetas donde vivan inteligencias distintas de la nuestra, y, por tanto, cómo es que ignoramos su existencia?

¿Dónde están? La pregunta no es nueva. Poco antes de 1600, Giordano Bruno ya había imaginado la pluralidad de mundos habitados. Cuando Fermi vuelve a plantear esta pregunta tres siglos y medio después, ya no es momento de temer el castigo de la Iglesia, sino de reflexionar sobre nuestro lugar en el universo. Como la pregunta surgió durante una discusión informal entre colegas, no sabemos exactamente qué pensaba Fermi al respecto ni en qué términos exactos la formuló, hasta el punto de que fue redescubierta en varias ocasiones en los años siguientes.

Una sola pregunta, pero muchas respuestas posibles. Puede ser, contrariamente a lo que imaginaba Fermi, que la aparición de una inteligencia comparable o superior a la nuestra sea un fenómeno tan extremadamente raro que solo puede ocurrir una vez (¡nosotros!) en nuestra galaxia, incluso en todo el universo. O que estas inteligencias existan pero no puedan comunicarse con nosotros o no puedan dejar rastros detectables de su existencia. Es lo que pasaría, por ejemplo, con los seres que vivieran bajo la gruesa capa de hielo de ciertos satélites de planetas gigantes como Europa, alrededor de Júpiter, o Encelado, alrededor de Saturno. O podría ser que estas entidades simplemente no quisieran comunicarse con nosotros. Al fin y al cabo, la historia de la humanidad está plagada de episodios trágicos en los que el primer contacto entre civilizaciones tuvo consecuencias catastróficas para una de ellas, a menudo la menos desarrollada: para vivir felices, vivamos ocultos. En fin, puede ser también que esas inteligencias extraterrestres existan y nos observen desde lejos, pero que seamos demasiado estúpidos para darnos cuenta. Esta es la idea defendida por Arthur C. Clarke en *2001: Odisea en el espacio* (1968). Una inteligencia extraterrestre visitó la Tierra hace cientos de miles de años y, considerando que la humanidad era entonces demasiado primitiva, enterró en la Luna un dispositivo de comunicación —el famoso monolito—, invisible desde la Tierra pero cuyo fuerte campo magnético acabaría siendo detectado durante la exploración de nuestro satélite, cuando finalmente hubiésemos alcanzado un nivel decente de dominio tecnológico. Al desenterrarlo y exponerlo a la luz del Sol, la máquina se pondría en marcha después de un largo sueño y enviaría una señal de radio a sus diseñadores para decirles que, tras miles de siglos de espera, la humanidad había alcanzado un nivel suficiente de conocimientos para que el diálogo fuese posible.

¿Qué pensamos de estas elucubraciones? Por de pronto, son muy antropocéntricas. Es fácil suponer que las supuestas intenciones de estas alteridades de otro mundo son un calco de nuestros propios comportamientos. Querer comunicar, preferir esconderse, son reflejos muy humanos que nos dicen algo a todos nosotros. Pero ¿hasta qué punto son verdaderamente *universales* y no solamente «terrestres»?

¿Hasta qué punto se aplican en todas partes y no solo a las especies vivas de *nuestro* planeta?

Para evitar estos problemas, los científicos han intentado abordar la cuestión desde un ángulo diferente. El más conocido es el norteamericano Frank Drake (1930-2022), autor de la ecuación que lleva su nombre, una de las pocas que se conocen más allá de los círculos científicos. Para saber cuántas civilizaciones tecnológicamente avanzadas de nuestra galaxia podrían comunicarse con nosotros, vamos a partir del ritmo medio de formación de las estrellas (entre una y diez por año en nuestra galaxia, véase el capítulo 4), luego vamos a quedarnos únicamente con la fracción correspondiente a las estrellas que albergan un sistema planetario, después vamos a multiplicarla por el número medio de planetas ubicados en la «zona habitable», es decir, ni demasiado cerca ni demasiado lejos de su sol para que la temperatura sea clemente. A continuación nos quedamos solo con la fracción de planetas donde aparecerá la vida, luego con la fracción de estos últimos donde dicha vida evoluciona para alcanzar una inteligencia comparable o superior a la nuestra, luego la fracción de estas formas de vida que desean comunicarse, y luego vamos a multiplicar por el número de años que existirá realmente dicha civilización. Por ejemplo, si solo se forma una estrella por año en nuestra galaxia y toda estrella formada tiene un planeta que tarde o temprano albergará una forma de vida inteligente, entonces cada año, por término medio, se desarrolla una inteligencia semejante, cualquiera que sea el tiempo entre la formación de la estrella y la aparición de la inteligencia en cuestión. El número de tales inteligencias con las que uno puede esperar comunicarse en un momento dado será entonces, en este ejemplo, simplemente igual al número medio de años que sobrevive semejante inteligencia: algunas décadas al menos en el caso de la humanidad, tal vez no mucho más si no cuidamos lo suficiente nuestro planeta.

La formulación de Drake tiene un mérito innegable. Propone cuantificar la pregunta inicial de Fermi; pero tropieza rápidamente con un obstáculo: la dificultad de evaluar los parámetros que se hallan en juego. ¿Cómo calcular la probabilidad de que se desarrolle una forma de vida en la superficie de un planeta ubicado en la zona habitable? ¿Y la de que evolucione hacia una forma inteligente? Y, peor aún, ¿qué fracción de estas hipotéticas inteligencias querrían comunicarse? Con una supuesta neutralidad en el tema, pero indudablemente imbuido de un cierto *a priori* (¿quién no lo tendría sobre una cuestión así?), Drake estimó que el número de civilizaciones extraterrestres era quizás del orden de diez. Una cifra que, quién sabe, podríamos multiplicar por diez si la probabilidad de que una especie inteligente desee comunicarse no es del 1 % como él conjeturaba, sino del 10 % (¿cómo diablos saberlo?), pero que podría también ser inferior a 1 si la duración de vida de una civilización inteligente no fuera de diez mil años como pensaba Drake, sino solo de unos pocos siglos. En resumen, una ecuación con muchas incógnitas, en la cual ninguno de los términos es fácil de evaluar (aparte quizá de los dos primeros), puede ser manipulada, conscientemente o no, para que converja a la solución que se le quiere dar.

Esta pregunta es a veces una de las motivaciones de quienes se interesan por los exoplanetas. ¿No es, dicen algunos, el objetivo final de la astronomía el responderla? Otros son más mesurados. Estiman que todavía es demasiado pronto para interesarse por la vida en otras partes del universo, dado que se está lejos de haber explorado toda la diversidad de sistemas exoplanetarios que la madre naturaleza es capaz de formar. Quizás algún día todas nuestras fuerzas se vuelquen en la búsqueda de otra forma de vida, rudimentaria o avanzada; pero no de inmediato. Una cosa es segura: inteligente o no, la vida interactúa con la atmósfera de su planeta anfitrión, y estudiar esta atmósfera significa tener la posibilidad de detectar lo que parecen ser biofirmas, como la presencia de ozono, inducida por la oxigenación de una atmósfera a raíz de la invención de la fotosíntesis por los seres vivientes de otro mundo. Se trata de una tarea difícil con los medios actuales, pero no imposible a medio plazo, al menos para exoplanetas suficientemente cercanos. En otras palabras, si la vida prolifera un poco por todas partes en el universo, no está descartado que logremos descubrirla en otros lugares además de la Tierra en las próximas décadas. ¿Cuándo exactamente? Ese es un capítulo que aún no está escrito.

Conclusión

Conservemos con cuidado, aumentemos el depósito de estos altos conocimientos, deleite de los seres pensantes. Han prestado importantes servicios a la navegación y la geografía, pero su mayor beneficio es haber disipado los temores infundidos por los fenómenos celestes y haber destruido los errores nacidos de la ignorancia de nuestras verdaderas relaciones con la naturaleza, errores y temores que al punto revivirían si se apagara la antorcha de las ciencias.

PIERRE-SIMON LAPLACE
Exposition du système du monde,
6.ª edición, 1835

En la introducción dije que la historia de nuestro planeta es como una serie de Netflix. Una serie cuyo final parece ya conocido: salvo un improbable billar gravitacional iniciado por Mercurio, la Tierra no se moverá de su órbita y se fundirá con el Sol, miles de millones de años después de que la vida haya sido erradicada por ese mismo Sol. Sin embargo, es difícil saber cuántos episodios, cuántos giros imprevistos, cuántos héroes inverosímiles nos separan de lo ineluctable: como en toda buena serie, la guionista, la madre naturaleza, tiene suficiente inventiva para reservarnos sorpresas que no pretenderé ser capaz de anticipar.

Para concluir me contentaré con un cálculo personal. Cuando la Tierra sea probablemente engullida por el Sol dentro de 7600 millones de años, los átomos de los que estaban compuestos nuestros organismos irán también a parar a nuestra estrella. Esta expulsará luego el 15 % de la masa que le queda en ese momento y por tanto el 15 % de nuestros átomos, que serán devueltos al medio interestelar. Hoy día las galaxias forman estrellas porque contienen sobre todo gas, y es raro que las galaxias sean estériles a pesar de que haya gas. Por consiguiente, el ciclo del medio interestelar nos ofrece algunas posibilidades de que la parte de la Tierra devuelta al medio interestelar participe en la formación de nuevas estrellas. No es seguro, porque dentro de 8000 millones de años las galaxias no se parecerán necesariamente a lo que son hoy, pero es plausible. Por tanto, no es descabellado pensar (¿o esperar?) que algunos de los átomos de los que estamos compuestos participen algún día en la formación de nuevas estrellas, posiblemente rodeadas de planetas, que posiblemente alberguen vida. ¿En qué proporciones? De la masa expulsada por el Sol moribundo (40 %) podemos calcular la fracción que representa lo que perteneció a nuestro organismo (15 % de su masa inicial): algo menos de una decena de kilogramos comparado con algo menos de mil trillones de toneladas (un 1 seguido de 27 ceros). Si en un futuro muy lejano nace un gemelo del Sol, acompañado de una gemela de la Tierra que también albergue vida, la relación de masa que existirá entre un gran organismo y su estrella (en función de sus respectivas masas, claro está) será una relación parecida o incluso mayor. Por muy ínfima que sea esta relación, al multiplicarla por el número de átomos que compondrán este organismo da un resultado posiblemente mayor que 1 (dependiendo, nuevamente, de las cifras concretas que se hallen en juego). En otras palabras, si la totalidad del material expulsado por el Sol moribundo al final de su vida fuera reciclado para formar una nueva estrella dotada de un exoplaneta poblado por seres vivos tan masivos como árboles extraterrestres, entonces *cada uno* de ellos tendría por término medio *varios átomos* que pertenecieron a cada uno de nosotros, a cada uno de los seres humanos o árboles que ya han vivido o que algún día vivirán en nuestra Tierra, que a su vez incorporan, quizás, un ínfimo número de átomos que pertenecieron a los organismos extintos que crecieron o anduvieron en la superficie de un planeta destruido y olvidado para siempre. Es muy humano angustiarse ante la idea de su propia finitud, pero podemos consolarnos soñando que un poco de nosotros mismos será tal vez parte integrante de organismos vivos y, quién sabe, pensantes, mucho después de la muerte del Sol.

Postfacio de Étienne Klein

Ahí comienza verdaderamente la historia.

MICHEL SERRES

Este libro de Alain Riazuelo me ha impresionado fuertemente. No se me escapaba desde luego que es imposible contar «la aventura de la Tierra» sin contar la historia del universo en su conjunto, porque ninguna parte es pensable independientemente del todo que la contiene. ¡Pero no me esperaba tal suma, tal erudición, tal espectro de descubrimientos, tal completitud! En este libro tiene uno la impresión de que no falta nada. En efecto, entremezcla la historia del universo propiamente dicho con la historia, más humana, de las observaciones, ideas y conceptos que hicieron posible comprenderla.

No es contentándonos con observar el sistema solar (que solo podemos ver tal como es actualmente) como podemos comprender la historia de la Tierra o siquiera demostrar que ha tenido una. Para ello es necesario ver mucho más lejos en el espacio —por lo tanto en el pasado, dada la finitud de la velocidad de la luz— para de algún modo «conectar» su historia a la del mundo que la engendró y la acogió. Así, a lo largo de las páginas, Alain Riazuelo nos cuenta, de manera muy brillante, la continuidad ontológica que se extiende durante nada menos que 13 800 millones de años: comienza con las partículas elementales del universo primordial y continúa hasta el hombre contemporáneo. Relata cómo, a golpe de rupturas y largas duraciones, la evolución histórica logró configurar en un astro convenientemente temperado como el nuestro, a partir de los núcleos de átomos fabricados por los hornos de varias generaciones de estrellas, los elementos moleculares complejos primero y los organismos vivos después. Nos explica que allí donde antes solo se veía lo permanente o lo invariable, los científicos acabaron identificando producciones históricas, pero también desapariciones definitivas, cuyas épocas ha sido posible precisar: la Tierra se formó hace casi 4500 millones de años, la vida apareció en ella como muy tarde hace 3500 millones de años y la aparición del hombre se remonta solo a unos pocos millones de años. En resumen, nosotros los humanos hemos pasado el tiempo no estando allí, excepto al final de esta larga historia.

La lectura de *La increíble aventura de la Tierra* me ha inspirado una reflexión a propósito del estatus de la Tierra. Algunos piensan que si la situación aquí en la Tierra se degradara demasiado, siempre podríamos —me refiero a la humanidad— ir a otra parte, a algún exoplaneta acogedor. ¿Es eso realmente razonable?

En primer lugar, existe un grave problema de transporte. Los exoplanetas más cercanos están a varios años luz de nosotros, un viaje a uno de ellos duraría la friolera de algunos millones de años... Así que los que fuesen tendrían que estar locos por permanecer confinados, y dejarse también

atravesar por los rayos cósmicos sin sufrir cánceres a ritmo de limpiaparabrisas, y sobre todo concebir hijos al ritmo
adecuado para renovar la tripulación, habida cuenta del
reducido número de camas disponibles...

Y hay otra dificultad, muy grave, que tomo prestada de
Edmund Husserl. En un texto de 1934 titulado *La Tierra no
se mueve*, el filósofo alemán defendía la idea de que la Tierra
no es *para nosotros* un planeta como cualquier otro: es el
suelo original e irreemplazable de nuestro anclaje corporal,
de modo que, *para nosotros*, no está en movimiento. Hasta
el punto de que sería ilusorio esperar emanciparnos de su
presencia atractiva y nutricia.

Por supuesto, sabemos que la Tierra gira, pero este
conocimiento no es suficiente para anular ni relativizar la
percepción sensible que tenemos de nuestro planeta, y que
echaríamos de menos si nos alejáramos mucho de él, en el
cosmos.

En suma, seríamos terrícolas antes que humanos. Tanto es
así que si acampáramos tan lejos de la Tierra que ni siquiera
la viéramos, seguramente perderíamos parte de nuestro
equilibrio psicológico y de lo que constituye nuestra humanidad. Por lo tanto, cambiar de planeta sería literalmente
convertirse en *otros*. A diferencia de las leyes físicas, indudablemente el hombre no es invariable por traslación en el
espacio, de modo que incluso si descubriéramos hermanas
casi gemelas, la Tierra —nuestro «archihogar», para hablar
nuevamente como Husserl— no necesariamente se volvería
una cosa cualquiera para nosotros.

¿Y no hay una paradoja en el argumentario de quienes
acarician la esperanza de poder mudarnos colectivamente
si la Tierra se vuelve inhóspita? Su credo es que somos

existencialmente tan flexibles, tan dotados para vivir en condiciones muy diferentes de las que conocemos aquí abajo, que podríamos adaptarnos a las situaciones más extremas que puedan existir en otro planeta. Sin embargo —y aquí está la contradicción—, si ya no fuésemos capaces de adaptarnos a nuestro planeta al degradarse su estado, ¿cómo estar seguro de poder adaptarnos a las condiciones de un planeta diferente del nuestro?

Con todo, el hecho de que haya pocas posibilidades de migrar todos juntos a otro planeta no resta un ápice de interés a los proyectos espaciales. Recordemos ese chiste de antes de la caída del Muro de Berlín. Brezhnev se dirige a los cosmonautas soviéticos:

—¡Los americanos han ido a la Luna, vosotros iréis al Sol!

—¡Pero nos quemaremos vivos, camarada Brezhnev!

—No os preocupéis, el Partido ha pensado en todo: iréis de noche.

Pero la pregunta que nos ronda es más bien esta: durante un posible viaje muy lejos de la Tierra, ¿podríamos encontrarnos con otros seres? En otras palabras, ¿estamos solos en el universo o no? Existe ciertamente una pluralidad de mundos, como ya imaginaron algunos antiguos, pero lo que muestran las exploraciones espaciales más recientes dentro del sistema solar y la astrofísica contemporánea más allá del sistema solar es que hay más bien una extraordinaria diversidad de mundos, una exuberante variedad de planetas y exoplanetas: todos son singulares. La Tierra, por hablar solo de ella, ha tenido una evolución marcada por secuencias muy particulares ocurridas en contextos que no son en sí mismos banales: en cada etapa, la contingencia parece haber jugado un papel determinante. ¿Fue pura casualidad o un proceso subyacente? Nadie puede decirlo. Lo cierto es que incluso un exoplaneta que, visto desde lejos, se pareciese a la Tierra (la misma distancia de la estrella, el mismo tamaño, la misma gravedad, en resumen, una «exo-Tierra») podría ser sistemáticamente muy diferente de ella al examinarla de cerca. En pocas palabras, la suma de las condiciones que han orientado la evolución de la Tierra y de la vida que alberga podrían no haberse dado nunca en ningún otro lugar, a menos que se piense que el universo es infinito...

Por supuesto, no se trata más que de un indicio, no de un teorema matemático, pero es lo suficientemente fuerte como para tomarlo en serio: es decir, por un lado, que respetemos la Tierra, posiblemente única en su género; por otro lado, que amemos y honremos la vida, presente aquí y quizás *solamente* aquí.

Bibliografía

ALPHER R. A., Bethe H. y Gamow G., «The Origin of Chemical Elements», *Physical Review*, vol. 73, 1948, pp. 803-804.

ANGLADA G. *et al.*, «Protoplanetary disks, jets, and the birth of the stars», en Pérez-Torres M. A., *The Spanish Square Kilometre Array White Book*, Barcelona, Sociedad Española de Astronomía, 2015, pp. 169-182.

ANTONIADI E. M., «Phénomènes subjectifs sur Mars», *Astronomische Nachrichten*, vol. 183, 1909, p. 125.

–, «Sur la nature des "canaux" de Mars», *Astronomische Nachrichten*, vol. 183, 1910, p. 221.

AUBRY G. J., *The Works of Joseph Conrad: Life and Letters*, Nueva York, Doubleday, 1928, 222, citado en Buckley J. H., *The Triumph of Time, A Study of the Victorian Concepts of Time, History, Progress, and Decadence*, Cambridge, The Belknap Press of Harvard University Press.

BALDWIN R. B., *The Face of the Moon*, Chicago, Chicago University Press, 1949.

BETHE H. A., «Energy Production in Stars», *Physical Review*, vol. 55, 1939, pp. 434-456.

BETHE H. A y Critchfield C. L., «The Formation of Deuterons by Proton Combination», *Physical Review*, vol. 54, 1938, pp. 248-254.

BRAHIC A., Daniel J.-Y. y Riazuelo A., *Sciences de l'Univers: Du Big Bang aux systèmes planétaires*, Louvain-la-Neuve, De Boeck, 2020.

BRASSER R. y Morbidelli A., «Oort cloud and Scattered Disc formation during a late dynamical instability in the Solar System», *Icarus*, vol. 225, 2013, pp. 40-49.

BUFFON G.-L., *Histoire naturelle, générale et particulière*, t. I, París, Imprimerie royale, 1744.

—, *Histoire naturelle, générale et particulière*, suppl., t. I, París, Imprimerie royale, 1774.

—, *Histoire naturelle, générale et particulière*, suppl., t. V, París, Imprimerie royale, 1778.

BURBIDGE E. M. *et al.*, «Synthesis of the Elements in Stars», *Review of Modern Physics*, vol. 29, 1957, pp. 547-650.

BURNS J. A., Lissauer J. J. y Makalkin A., «Vict or Sergeyevich Safronov (1917-1999) – *In Memoriam*», *Icarus*, vol. 145, 2000, pp. 1-3.

CAMERON A. G. W., «Origin of Anomalous Abundances of the Elements in Giant Stars», *Astrophysical Journal*, vol. 121, 1955, pp. 144-160.

CANUP R. M., «A Giant Impact Origin of Pluto-Charon», *Science*, vol. 307, 2005, pp. 546-550.

—, «Lunar-forming impacts: processes and alternatives», *Philosophical Transactions of the Royal Society A*, vol. 372, 2014.

CASSAN A. *et al.*, «One or more bound planets per Milky Way star from microlensing observations», *Nature*, vol. 481, 2012, pp. 167-169.

CHANDRASEKHAR S., «Stellar configurations with degenerate cores», *The Observatory*, vol. 57, 1934, pp. 373-377.

CHEUNG A. C. *et al.*, «Detection of NH_3 Molecules in the Interstellar Medium by Their Microwave Emission», *Physical Review Letters*, vol. 21, 1968, pp. 1701-1705.

CMGLEE y Johnson J. (OSU), «Where Your Elements Came From», Astronomical picture of the day, 24 octubre 2017: https://apod.nasa.gov/apod/ap171024.html

COHEN B. A., Swindle T. D. y Kring D. A., «Support for the Lunar Cataclysm Hypothesis from Lunar Meteorite Impact Melt Ages», *Science*, vol. 290, 2000, pp. 1754-1756.

CRIDA A., «Solar System Formation», en Röser S., *Reviews in Modern Astronomy: Formation and Evolution of Cosmic Structures*, vol. 21, Weinheim, Wiley- VCH, 2009, pp. 215-227.

CRIDA A. *et al.*, «Are Saturn's rings actually young?», *Nature Astronomy*, vol. 3, 2019, pp. 967-970.

DANIEL J.-Y. (dir.), *Sciences de la Terre et de l'Univers*, 4ª ed., Louvain-la-Neuve, De Boeck, 2023.

DE PATER I. y Lissauer J. J., *Planetary Sciences*, Cambridge, Cambridge University Press, 2015.

DRAINE B. T., *Physics of the interstellar and intergalactic medium*, Princeton, Princeton University Press, 2011.

EDGEWORTH K. E., «The origin and evolution of the Solar System», *Monthly Notices of the Royal Astronomical Society*, vol. 109, 1949, pp. 600-609.

ESTÈVE P., *Origine de l'Univers, expliquée par un principe de la matière*, Berlín, 1748.

EVANS J. E. y Maunder E. W., «Experiments as to the actuality of the "Canals" observed on Mars», *Monthly Notices of the Royal Astronomical Society*, vol. 63, 1903, pp. 488-499.

FLAMMARION C., *Astronomie populaire: Description générale du ciel*, París, C. Marpon et E. Flammarion, 1880.

–, *La Planète Mars et ses conditions d'habitabilité*, París, Gauthier-Villars, 1892.

GAMOW G., *My World Line: An Unformal Autobiography*, Nueva York, Viking Press, 1970.

GARGAUD M. (dir.), *Encyclopedia of Astrobiology*, Nueva York, Springer, 2011.

GOMES R. *et al.*, «Origin of the cataclysmic Late Heavy Bombardment period of the terrestrial planets», *Nature*, vol. 435, 2005, pp. 466-469.

GOULD S. J., «Fall in the House of Ussher», *Natural History*, vol. 100, 1991, pp. 12-21.

GREENBERG R. *et al.*, «Planetesimals to planets: Numerical simulation of collisional evolution», *Icarus*, vol. 35, 1978, pp. 1-26.

HENKEL M., «Sur la solution de Sundman du problème des trois corps», *Philosophia Scientiæ*, vol. 5, 2001, pp. 161-184.

HESÍODO, *Teogonía*, Madrid, Alianza Editorial, 2019.

HOCKEY T. (dir.), *Bibliographical Encyclopedia of Astronomers*, Nueva York, Springer, 2014.

HOYLE F., «The Synthesis of the Elements from Hydrogen», *Monthly Notices of the Royal Astronomical Society*, vol. 106, 1946, pp. 343-383.

–, «On Nuclear Reactions Occuring in Very Hot STARS.I. the Synthesis of Elements from Carbon to Nickel», *Astrophysical Journal Supplement*, vol. 1, 1954, pp. 121-146.

HUXLEY T. H., *Lay Sermons, Addresses and Reviews*, 1869.

IESS L. *et al.*, «Measurement and implications of Saturn's gravity field and ring mass», *Science*, vol. 364, 2019, aat2965.

JEANS J. H., «The Stability of a Spherical Nebula», *Philosophical Transactions of the Royal Society A*, vol. 199, 1902, pp. 1-53.

KIPPENHAHN R., Weigert A. y Weiss A., *Stellar structure and evolution*, Nueva York, Springer, 2012.

KUIPER G. P., «Titan: a Satellite with an Atmosphere», *Astrophysical Journal*, vol. 100, 1944, pp. 378-383.

–, «Planetary and satellite atmospheres», *Reports on Progress in Physics*, vol. 13, 1950, pp. 247-275.

–, «On the Origin of the Solar System», *Proceedings of the National Academy of Sciences of the United States of America*, vol. 37, 1951, pp. 1-14.

KVENVOLDEN K. *et al.*, «Evidence for Extraterrestrial Aminoacids and Hydrocarbons in the Murchison Meteorite», *Nature*, vol. 228, 1970, pp. 923-926.

LANG K. R., *A Companion to Astronomy and Astrophysics: Chronology and Glossary with Data Tables*, Nueva York, Springer, 2006.

LAPLACE P. S., *Exposition du système du monde*, 2.ª ed., París, Duprat, 1798. [Hay trad. castellana: *Exposición del sistema del mundo*, Barcelona, Editorial Crítica, 2005].

–, *Traité de mécanique céleste*, t. I, París, Crapelet, 1799.

–, *Théorie analytique des probabilités*, París, Courcier, 1812.

LASKAR J., «A numerical experiment on the chaotic behaviour of the Solar System», *Nature*, vol. 338, 1989, pp. 237-238.

LASKAR J. y Gastineau M., «Existence of collisional trajectories of Mercury, Mars and Venus with the Earth», *Nature*, vol. 459, 2009, pp. 817-819.

«La "quarantaine" des astronautes d'Apollo-11 a pris fin», *Le Monde*, 12 de agosto de 1969.

LE GALL A., Guerlet S., Vinatier S. y Charnoz S., *Les Mondes de Saturne*, París, Belin, 2022.

LEHOUCQ R., *Pourquoi le Soleil brille*, París, humenSciences, 2020.

LE QUELLEC J.-L. y Sergent B., *Dictionnaire critique de mythologie*, París, CNRS Éditions, 2017.

LE VERRIER U., *Recherches sur les mouvements de la planète Herschel*, París, Bachelier, 1846.

LOONEY L. W., Tobin J. J. y Fields B. D., «Radioactive Probes of the Supernova- contaminated Solar Nebula: Evidence that the Sun Was Born in a Cluster», *The Astrophysical Journal*, vol. 652, 2006, pp. 1755-1762.

LORENZ E. N., «Deterministic Nonperiod Flow», *Journal of the Atmospheric Sciences*, vol. 20, 1963, pp. 130-141.

LUCRECIO, *La naturaleza de las cosas*, Madrid, Alianza Editorial, 2021.

MADAU P. y Dickinson M., «Cosmic Star-Formation History», *Annual Review of Astronomy and Astrophysics*, vol. 52, 2014, pp. 415-486.

MILLER S. L., «A Production of Amino Acids Under Possible Primitive Earth Conditions», *Science*, vol. 117, 1953, pp. 528-529.

MILLER S. L. y Urey H. C., «Organic Compound Synthesis on the Primitive Earth», *Science*, vol. 130, 1959, pp. 245-251.

MONTGOMERY R., «Le problème des trois corps rebondit», *Pour la Science*, vol. 508, 2020, pp. 26-35.

MORBIDELLI A., «Accretion Processes», 18 de marzo de 2018, arXiv:1803.06708: https://arxiv.org/abs/1803.06708

O'BRIEN D. P., Morbidelli A. y Levison H. F., «Terrestrial planet formation with strong dynamical friction», *Icarus*, vol. 184, 2006, pp. 39-58.

OLIVIER S., «Histoire des martiens dans la littérature française, et plus spécialement dans la période 1850-1965», mémoire de recherche pour le Master 2 en Lettres et Arts, spécialité Littéra-tures, parcours Écritures et représentations (XIXe - XXIe siècles), université Stendhal-Grenoble 3, 2011: https://dumas.ccsd.cnrs.fr/dumas-00650804

OORT J. H., «The structure of the cloud of comets surrounding the Solar System and a hypothesis concerning its origin», *Bulletin of the Astronomical Institutes of the Netherlands*, vol. 11, 1950, pp. 91-110.

OPARIN A., *The origin of life on the Earth*, Nueva York, Academic Press, 1957.

ÖPIK E. J., «Stellar Models with Variable Composition.. Sequences of Models with Energy Generation Proportional to the Fifteenth Power of Temperature», *Proceedings of the Royal Irish Academy. Section A: Mathematical and Physical Sciences*, vol. 54, 1952, pp. 49-77.

OZAKI K. y Reinhard C. T., «The future lifespan of Earth's oxygenated atmosphere», *Nature Geoscience*, vol. 14, 2021, pp. 138-142.

POINCARÉ H., «Sur le problème des trois corps et les équations de la dynamique», *Acta Mathematica*, vol. 13, 1890, pp. 1-271.

REIPURTH B., Heathcote S. y Vrba F., «Star formation in Bok globules and low-mass clouds. Herbig- Haro objects in B335», *Astronomy & Astrophysics*, vol. 256, 1992, pp. 225-230.

REYLÉ C. *et al.*, «The 10 parsec sample in the Gaia era», *Astronomy & Astrophysics*, vol. 650, 2021, A201.

SAFRONOV V. S., *Evolution of the protoplanetary cloud and formation of the Earth and the planets*, Jerusalén, Keter Press, 1972.

SAGAN C. y Mullen G., «Earth and Mars: Evolution of Atmospheres and Surface Temperatures», *Science*, vol. 177, 1972, pp. 52-56.

SAGAN C. y Khare B. N., «Tholins: organic chemistry of interstellar grains and gas», *Nature*, vol. 277, 1979, pp. 102-107.

SALPETER E. E., «Nuclear Reactions in Stars Without Hydrogen», *Astrophysical Journal*, vol. 115, 1952, pp. 326-328.

–, «The Luminosity Function and Stellar Evolution», *Astrophysical Journal*, vol. 121, 1955, pp. 161-167.

SCHRÖDER K.-P. y Smith R. C., «Distant future of the Sun and Earth revisited», *Monthly Notices of the Royal Astronomical Society*, vol. 386, 2008, pp. 155-163.

SETI Institute, «Drake equation», julio 2021: https://www.seti.org/drake-equation-index.

SPITZER L., «The Dissipation of Planetary Filaments», *Astrophysical Journal*, vol. 90, 1939, pp. 675-688.

TERA F., Papanastassiou D. A. y Wasserburg G. J., «Isotopic evidence for a terminal lunar cataclysm», *Earth and Planetary Science Letters*, vol. 22, 1974, pp. 1-21.

TERMIER P., *À la gloire de la Terre: Souvenirs d'un géologue*, París, Nouvelle Imprimerie nationale, 1922.

THOMSON W., «On the Secular Cooling of the Earth», *The London, Edinburgh, and Dublin Philosophical Magazine and Journal of Science*, vol. 25, 1863, pp. 1-14.

–, «The Age of the Earth», *Nature*, vol. 51, 1895, pp. 438-440.

VOISIN S. y Kremer G., «Quand la planète Mars avait des canaux», *Le Blog de Gallica*, 9 noviembre 2016.

YVARD J.-M., «Géologie, théologie et inquiétudes eschatologiques: William Thomson (Lord Kelvin) et les débats suscités par la thermodynamique à l'époque victorienne», *Cahiers victoriens et édouardiens*, vol. 71, 2010, pp. 237-252.

Índice onomástico

Agradecimientos

Olivia Recasens, Joanna Blin, Quentin Boesch, André Brahic, Jean- Yves Daniel y Alain Luguet.